技能実習レベルアップシリーズ 5
婦人子供服製造

【ご注意】

186頁～278頁　第5章第2節及び第5章第3節
　2021年度からの技能検定（随時3級及び随時2級）の実技試
験課題は、<u>ワンピース</u>から<u>ブラウス</u>に変更となっています。

正誤表

【正誤】

62頁　図2-6-2　(c) 段付き押え金

（誤り）　　　　　　　　　　　（正しい）

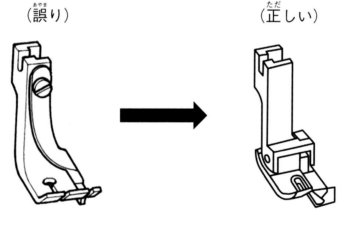

技能実習レベルアップ　シリーズ5

婦人子供服製造

公益財団法人 国際人材協力機構
JITCO

は じ め に

　この本は，技能実習が効果的に行われるよう，職種別の専門分野について解説したテキストで，毎日の技能実習で行う標準的な作業内容や手順，注意点などをコンパクトに纏めています。特に，技能実習生が受験する技能検定に役立つよう内容に工夫を凝らしています。

　技能実習生に分かり易いものとなるよう，この本はできるだけ図や写真を多く盛り込み，漢字には「読み仮名」をつけています。また巻末に現場でよく使われる言葉を集めた「用語集」をつけています（ご協力をいただいた関連資料の引用文献一覧表も掲載しています）。

　技能実習用のテキストとして，また予習・復習などの技能実習生の自習用のテキストとして，あるいは技能検定受験のための勉強用テキストとしてご活用ください。

　技能実習生の皆さん，日本へようこそ！
　皆さんは日本での技能実習に大きな期待を抱いていることと思います。是非このテキストを利用しながら，技能実習中に分からないことや，疑問に思うことを技能実習指導員や職場の先輩方に質問し，多くの技能や知識を身につけてください。

　作業の安全と自身の健康に気をつけながら，皆さんが実りある技能実習の成果をあげられることを願っています。

　なお，このテキストは単なるモノつくり技術の本ではなく日本のモノつくりの基本であり，過去の経験からくるノウハウの蓄積と科学的理論に基づいた貴重なテキストです。また，知識と技術を元に繰り返し，モノづくりを行っ

た結果の知恵が山積みされたテキストでもあります。モノづくりを通じて学んだことを，母国に帰国後もぜひ活用してください。起業や・人財育成・教育に活かしていただきたいと思っています。

2021年12月

公益財団法人　国際人材協力機構

目_{もく}　次_じ

私たちが目指す技能目標

縫製業の現状

　縫製業は，他の製造業に比べ，日常生活に密着した業種であり，家事に近い内容といえます。しかし，工業化が進むにつれて，作業は大きく変わりつつあります。

　最近の縫製業は，量から質が重視されるようになってきています。特に婦人服や高級品，ブランド（銘柄）品などで，厳しい基準を満たすことが求められるようになりました。そのため縫製工程では，作業者の技能もより高いものが求められています。これは，消費者が次のような商品を求めるようになってきたからです。

① ブランドもの
② 最新ファッションのもの
③ 縫製がよく，着心地のよいもの
④ 個性的なもの

　消費者に満足される製品を作るには，縫製作業者は必要最低限の品質基準を理解することが必要です。

　また，縫製企業は，様々な生地を使いいろいろなテストを繰返し行います。その時々の消費者が求める要求に応えられるよう，衣料素材や生地特性を研究することも大切です。

婦人子供服製造技能者の技能資格

　婦人子供服製造技能者の技能評価基準（技能の良し悪しを判断するレベル）については，国際的な基準はありません。

　日本には作業者の技能を評価するシステムとして，技能検定という国家資格があります。技能検定は職種ごとのレベルに応じて「試験科目及びその範囲並びにその細目」が示されています。試験レベルは図1に示すように，高いものから特級，1級，2級，3級，基礎級に分かれています。技能実習で活用されるレベルは，2級（第3号技能実習），3級（第2号技能実習），基礎級（第1号技能実習）となっています。

　なお，2級，3級，基礎級（旧基礎2級）の婦人子供服製造技能検定試験の「試験科目及びその範囲並びにその細目」を表1，表2，表3に示します。

目指す技能目標

　外国人技能実習生が第1号技能実習から第2号技能実習に移行する，または第2号技能実習から第3号技能実習に移行するためには，それぞれ基礎級（学科及び実技），3級（実技）に合格しなければなりません。また，第2号技能実習を修了する技能実習生は3級（実技必須），第3号技能実習を修了する技能実習生は2級（実技必須）を受検しなければなりません。3級及び2級の学科試験は任意となっていますが，学科試験も合格することで婦人子供服製造縫製作業技能士の国家資格が得られます。このため，学科試験も合格することが望ましい。学科試験は，基礎級は縫製作業に必要な基本的な日本語の文章となっています。3級及び2級になると日本語の難易度と試験問題の範囲も広がります。

　また，デザイン・生地・縫製などの作業に関する専門用語などの勉強をしていくことが大切です。

（等級）	（技能及びこれに関する知識の程度）	（受検時期）
特級	検定職種ごと管理者又は監督者が通常有すべき技能及びこれに関する知識きの程度	
1級	検定職種ごとの上級の技能労働者が通常有すべき技能及びこれに関する知識の程度	
2級	検定職種ごとの中級の技能労働者が通常有すべき技能及びこれに関する知識の程度	第3号技能実習修了時点
3級	検定職種ごとの初級の技能労働者が通常有すべき技能及びこれに関する知識の程度	第2号技能実習修了時点
基礎級	検定職種に係わる基本的な業務を遂行するために必要な基礎的な技能及びこれに関する知識の程度	第1号技能実習修了時点

技能実習生はこの段階になります。

図1　「婦人子供服製造」技能検定のレベルと技能実習

技能実習生のための制度

　2級，3級，基礎級の技能検定は，外国人技能実習生のために随時実施されています。職場近くの都道府県職業能力開発協会に対し，受検に必要な手続きを行うと受検できます。ぜひ，資格取得を目指してください。

表1 基礎級「婦人子供服製造」技能検定試験科目及びその範囲並びにその細目

試験科目及びその範囲	技能検定試験の基準の細目
【学科試験】 1 主な婦人子供服の種類	次に掲げる婦人子供服の部分用語について初歩的な知識を有すること。 (1) シャツ・ブラウス　　(2) スカート (3) ジャケット　　(4) ワンピース (5) スラックス（パンツ）
2 主な婦人子供服の製造の方法 　婦人子供既製服製造法 　　縫製の手順及び方法	 1 婦人子供既製服の縫製の手順について初歩的な知識を有すること。 2 次に掲げる婦人子供既製服の縫製の方法について初歩的な知識を有すること。 (1) 芯接着　　　　　　(2) えり作り及びえり付け (3) そで作り及びそで付け　(4) ファスナー付け
婦人子供既製服の製造に使用する機械及び器工具の種類及び使用方法	1 婦人子供既製服の製造に使用する機械及び器工具に関し、次に掲げる事項について初歩的な知識を有すること。 (1) 次の裁断機の部分用語、種類及び使用方法 　　イ たて刃型　　ロ 丸刃型 (2) 次の工業用ミシンの部分用語、種類及び使用方法 　　イ 本縫いミシン　ロ 特殊縫いミシン (3) アイロンの種類及び使用方法 (4) バキューム台の使用方法 2 婦人子供既製服の製造に使用するミシン針の種類、太さ及び用途について初歩的な知識を有すること。
3 繊維及び織物の種類 　繊維の種類	 次に掲げる繊維の用語について初歩的な知識を有すること。 (1) 綿　(2) 麻　(3) 絹　(4) 毛
織物の種類及び特徴	次に掲げる婦人子供服用織物の判別法について初歩的な知識を有すること。 (1) たて、よこ等の方向　(2) 表裏
縫糸の種類	婦人子供服用の縫糸の種類及び太さの表示法について初歩的な知識を有すること。
4 安全衛生に関する基礎的な知識	婦人子供服製造作業に伴う安全衛生に関し、次に掲げる事項につ

— 4 —

いて基礎的な知識を有すること。
- (1) 機械，工具，原材料等の危険性及びこれらの取扱い方法
- (2) 安全装置，有害物抑制装置又は保護具の性能及び取扱い方法
- (3) 整理，整頓及び清潔の保持
- (4) 電気設備及び蒸気設備の取扱い上の安全
- (5) 室内の照明及び換気並びに温度及び湿度の保全
- (6) 事故時における応急措置
- (7) 安全衛生標識（立入禁止，安全通路，保護具着用，火気厳禁等）
- (8) 合図
- (9) 服装

【実技試験】

婦人子供服の縫製

　婦人子供既製服縫製作業

　　縫製

簡単な婦人子供既製服の基礎縫いができること。

　　縫製機械の点検

ミシンの簡単な点検ができること。

— 5 —

表 2　3 級「婦人子供服製造」技能検定試験科目及びその範囲並びにその細目

試験科目及びその範囲	技能検定試験の基準の細目
【学科試験】 1　婦人子供服一般 　　婦人子供服の種類	次に掲げる婦人子供服の種類について一般的な知識を有すること。 (1)　フォーマルウェア　　　(2)　カジュアルウェア (3)　スポーツウェア　　　　(4)　ユニフォーム
着装	婦人子供服の着装に関し，次に掲げる事項について概略の知識を有すること。 (1)　使用目的に適した着装 (2)　衣服とアクセサリーの調和 (3)　ファンデーションの種類と着用方法
2　材料 　　繊維の種類，特徴及び用途	繊維に関し，次に掲げる事項について概略の知識を有すること。 (1)　次の天然繊維の種類，特徴及び用途 　　イ　植物繊維　　　ロ　動物繊維（皮革及び毛皮を含む。） (2)　次の人造繊維の種類，特徴及び用途 　　イ　再生繊維　　　ロ　半合成繊維 　　ハ　合成繊維（皮革及び毛皮を含む。）
織物の種類，組織及び用途	婦人子供服用織物の種類，組織及び用途に関し，次に掲げる事項について概略の知識を有すること。 (1)　織物の柄と文様 (2)　次の織物の判別法 　　イ　たて，よこ等の方向性　　　ロ　表裏　　　ハ　風合い
編地及び不織布の種類及び用途	婦人子供服用の編地及び不織布の種類及び用途について概略の知識を有すること。
縫糸の種類及び用途	縫糸の種類，材質，より方，用途及び太さの表示法について概略の知識を有すること。
附属材料の種類及び用途	1　次に掲げる婦人子供服用の芯地の種類及び用途について概略の知識を有すること。 (1)　不織布芯地　　(2)　接着芯 2　次に掲げる婦人子供用の附属材料の種類及び用途について概略の知識を有すること。 (1)　ボタン　　(2)　ファスナー　　(3)　パット (4)　テープ　　(5)　その他

3 色彩	
色彩の用語	次に掲げる色彩の用語について概略の知識を有すること。 (1) 色の三属性　(2) 色調　(3) 補色　(4) 色の寒暖
4 安全衛生	
安全衛生に関する詳細な知識	1 婦人子供服製造作業に伴う安全衛生に関し，次に掲げる事項について詳細な知識を有すること。 (1) 機械，器工具，原材料等の危険性及びこれらの取扱い方法 (2) 安全装置，有害物抑制装置又は保護具の性能及び取扱い方法 (3) 整理・整頓及び清潔の保持 (4) 熱処理器具の取扱い上の安全 (5) 電気設備，ガス設備，蒸気設備の取扱い上の安全 (6) 室内の照明及び換気並びに温度及び湿度の保全 (7) 事故時における応急措置 (8) その他婦人子供服製造作業に関する安全又は衛生のための必要な事項 2 労働安全衛生法関係法令（婦人子供服製造作業に関する部分に限る）について詳細な知識を有すること。
5 婦人子供既製服製造法	
婦人子供既製服製造の特徴	1 次に掲げる商品アイテムの特徴について概略の知識を有すること。 (1) シャツ・ブラウス　　(2) スカート (3) スラックス（パンツ）　(4) ワンピース　(5) ジャケット (6) ドレス　(7) コート 2 婦人子供服既製服製造の特徴に関し，次に掲げる事項について概略の知識を有すること。 (1) 全体的な流れ（製造工程） (2) 次の製図に関する用語及びその内容 　イ 型紙 (3) 裁断に関する用語及びその手法 (4) 次の仕様書に関する用語及びその内容 　イ 裁断作業指示書 　ロ 縫製作業指示書 　ハ 仕上げ作業指示書
縫製の方法	次に掲げる婦人子供既製服の縫製の方法について概略の知識を有すること。 (1) 芯接着　　(2) えり作り及びえり付け (3) ダーツ縫い　(4) 肩入れ　(5) 脇入れ (6) そで作り及びそで付け　　(7) ファスナー付け

製品検査	婦人子供既製服の製品検査の方法について概略の知識を有すること。 (1) 針検査　　(2) 外観検査　　(3) 寸法検査
婦人子供既製服の製造に使用する機械及び器工具の種類及び使用方法	婦人子供既製服の製造に使用する機械及び器工具の種類及び使用方法に関し，次に掲げる事項について概略の知識を有すること。 (1) 次の裁断用機械及び器工具 　　イ　裁ちばさみ　　ロ　延反機 　　ハ　丸刃カッター　　ニ　丸刃紙式裁断機 　　ホ　縦刃式裁断機　　ヘ　バンドナイフ式裁断機 　　ト　自動裁断機 (2) 次の工業用ミシン 　　イ　本縫いミシン　　ロ　特殊縫いミシン 　　ハ　自動ミシン (3) アイロン，バキューム台 (4) プレス機
婦人子供既製服に関する日本産業規格	次に掲げる婦人子供既製服に関する日本産業規格について概略の知識を有すること。 (1) JIS L　4002 　　少年用衣料のサイズ (2) JIS L　4003 　　少女用衣料のサイズ (3) JIS L　4005 　　成人女子用衣料のサイズ
家庭用品品質表示法	次に掲げる家庭用品品質表示法について概略の知識を有すること。 (1) 組成表示　　(2) 絵表示
【実技試験】 1　婦人子供既製服製造作業	
縫製及び仕上げ	縫製及び仕上げ作業ができること。
縫製機械の点検及び調整	1　ミシンの簡単な点検ができること。 2　ミシンの簡単な調整ができること。

表3　2級「婦人子供服製造」技能検定試験科目及びその範囲並びにその細目

試験科目及びその範囲	技能検定試験の基準の細目
【学科試験】 1　婦人子供服一般 　　婦人子供服の種類	次に掲げる婦人子供服の種類について詳細な知識を有すること。 (1)　フォーマルウェア　　(2)　カジュアルウェア (3)　スポーツウェア　　　(4)　ユニフォーム
着装	婦人子供服の着装に関し，次に掲げる事項について一般的な知識を有すること。 (1)　使用目的に適した着装 (2)　衣服とアクセサリーの調和 (3)　ファンデーションの種類と着用方法
2　材料 　　繊維の種類，特徴及び用途	繊維に関し，次に掲げる事項について一般的な知識を有すること。 (1)　次の天然繊維の種類，特徴及び用途 　　イ　植物繊維　　ロ　動物繊維（皮革及び毛皮を含む。） (2)　次の人造繊維の種類，特徴及び用途 　　イ　再生繊維　　ロ　半合成繊維 　　ハ　合成繊維（皮革及び毛皮を含む。）
織物の種類，組織，用途及び加工方法	1　婦人子供服用織物の種類，組織及び用途に関し，次に掲げる事項について概略の知識を有すること。 (1)　織物の三原組織及び変化組織　　(2)　織物の柄と文様 (3)　次の織物の判別法 　　イ　たて，よこ等の方向性　　ロ　表裏　　ハ　風合い 2　織物の加工方法に関し，次に掲げる事項について概略の知識を有すること。 (1)　織物の仕上げの種類，特徴及び用途 (2)　織物の特殊加工の種類，特徴及び用途
編地及び不織布の種類及び用途	婦人子供服用の編地及び不織布の種類及び用途について一般的な知識を有すること。
縫糸の種類及び用途	縫糸の種類，材質，より方，用途及び太さの表示法について一般的な知識を有すること。
附属材料の種類及び用途	1　次に掲げる婦人子供服用の芯地の種類及び用途について一般的な知識を有すること。 (1)　不織布芯地　　(2)　接着芯 2　次に掲げる婦人子供用の附属材料の種類及び用途について一般

	的な知識を有すること。 (1) ボタン　　(2) ファスナー　　(3) パット (4) テープ　　(5) その他
3　色彩及び流行	
色彩の用語	次に掲げる色彩の用語について概略の知識を有すること。 (1) 表色系　　(2) 色の三属性　　(3) 色調 (4) 補色　　(5) 色の寒暖　　(6) 色の膨張及び収縮 (7) 色の混合　　(8) 面積効果　　(9) 色の対比と配色
流行	婦人子供服の流行に関し，次に掲げる事項について概略の知識を有すること。 (1) 国内及び欧米の服装の変遷 (2) 国内及び欧米の婦人子供服の形体，色彩，柄，文様，材料，アクセサリー等の流行
4　安全衛生	
安全衛生に関する詳細な知識	1　婦人子供服製造作業に伴う安全衛生に関し，次に掲げる事項について詳細な知識を有すること。 (1) 機械，器工具，原材料等の危険性及びこれらの取扱い方法 (2) 安全装置，有害物抑制装置又は保護具の性能及び取扱い方法 (3) 整理・整頓及び清潔の保持 (4) 熱処理器具の取扱い上の安全 (5) 電気設備，ガス設備，蒸気設備の取扱い上の安全 (6) 室内の照明及び換気並びに温度及び湿度の保全 (7) 事故時における応急措置 (8) その他婦人子供服製造作業に関する安全又は衛生のための必要な事項 2　労働安全衛生法関係法令（婦人子供服製造作業に関する部分に限る）について詳細な知識を有すること。
5　前各号に掲げる科目のほか，次に掲げる科目のうち，受検者が選択するいずれか一つの科目	
イ　婦人子供注文服製作法	
婦人子供注文服製作の特徴	次に掲げる婦人子供注文服製作の特徴について詳細な知識を有すること。 (1) ブラウス　　(2)スカート　　(3) スラックス (4) ワンピース　　(5) ジャケット　　(6) コート
体形	婦人及び子供の体形に関し，次に掲げる事項について一般的な知識を有すること。

	(1) 体形の種類及び特徴　　(2) 体形と衣服の関係
採寸	婦人子供服の採寸に関し，次に掲げる事項について詳細な知識を有すること。 (1) 採寸器具の種類及び取扱いの方法 (2) 採寸箇所及び採寸方法 (3) 婦人子供服の種別と採寸との関係
デザイン技法	婦人子供服のデザインに関し，次に掲げる事項について概略の知識を有すること。 (1) 材料とデザインとの関係　　(2) 色彩とデザインとの関係 (3) 用途とデザインとの関係　　(4) ファッション性との関係
製図及び型紙の製作	次に掲げる製図及び型紙の製作について一般的な知識を有すること。 (1) 原型及びその応用　　(2) 婦人子供服の製図
裁断の方法	婦人子供服の裁断の方法に関し，次に掲げる事項について一般的な知識を有すること。 (1) 用布の見積り (2) 各種繊維に適合した布地の整理方法 (3) 柄，毛並み等の取扱い上の注意 (4) 型紙のさしこみ法 (5) 縫いしろのつけ方 (6) しるし付けの方法 (7) 型紙による裁断及びじか裁断 (8) 平面裁断
仮縫い，着せ付け，補正及び裁ち合せの方法	婦人子供服の仮縫い，着せ付け，補正及び裁ち合せの方法に関し，次に掲げる事項について一般的な知識を有すること。 (1) 各種布地に対する適切なしるし付けの方法 (2) 布地の取扱い方法及びくせ取りの方法 (3) 仮縫いの構成順序及びその方法 (4) 着用者の体形に合わせた着せ付け法と補正の方法 (5) えり，見返し，裏地，芯地等の裁ち合せの方法
縫製の手順及び方法	1　婦人子供服の縫製の手順及びその方法に関し，次に掲げる事項について一般的な知識を有すること。 (1) 各種デザイン及び材料による縫製の手順 (2) 各種材料に適合した縫製及び仕上げ方法 (3) 各種芯地の取扱い方法 2　次に掲げる婦人子供注文服の製作手順について一般的な知識を有すること。 (1) シャツ・ブラウス　　(2) スカート (3) スラックス（パンツ）　　(4) ワンピース　　(5) ツーピース

	(6) ジャケット　　　　　　(7) セパレーツ　　(8) コート
服飾手芸の種類及び技法	1　刺しゅうの種類及び技法について一般的な知識を有すること。 2　その他の服飾手芸の種類及び技法について概略の知識を有すること。
婦人子供注文服の製作に使用する機械及び器工具の種類使用方法	次に掲げる婦人子供注文服の製作に使用する機械及び器工具の種類及び使用方法について一般的な知識を有すること。 (1) 裁断用器具　　(2) 本縫いミシン及び附属品　　(3) アイロン (4) 特殊ミシン　　(5) 仕上げ用器具

ロ　婦人子供既製服製造法

婦人子供既製服製造の特徴	次に掲げる商品アイテムの特徴について詳細な知識を有すること。 (1) シャツ・ブラウス　　　　(2) スカート (3) スラックス（パンツ）　　(4) ワンピース　　(5) ジャケット (6) ドレス　　　　　　　　　(7) コート
製造工程	婦人子供服既製服の製造工程に関し，次に掲げる事項について概略の知識を有すること。 (1) 工程分析　　　　(2) 動作分析　　　　(3) 工程編成 (4) 作業時間の設定　(5) 稼働と余裕 (6) 標準時間の設定　(7) 作業場レイアウト (8) 外注管理　　　　(9) 数量管理
体形	婦人及び子供の体形に関し，次に掲げる事項について概略の知識を有すること。 (1) 人体の構造　　(2) 人体の形態 (3) 体形の変化（成長・年齢）
デザイン技法	デザイン技法に関し，次に掲げる事項について初歩的な知識を有すること。 (1) デザインの基本　　　　　　(2) タイプとデザインの関係 (3) 材料とデザインとの関係　　(4) 色彩とデザインとの関係 (5) 用途とデザインとの関係　　(6) ファッション性との関係
パターンメーキング	次に掲げる事項について概略の知識を有すること。 (1) スローパーの製作（ドレーピング） (2) デザインパターンの製作　　(3) 工業用パターンの製作 (4) パターン修正
作業指示書	次に掲げる作業指示書について概略の知識を有すること。 (1) 裁断作業指示書　　(2) 縫製作業指示書 (3) 仕上げ作業指示書
マーキング方法	次に掲げる事項について概略の知識を有すること。

	(1) パターンの配置
	(2) 地の目の方向
	(3) 柄（格子，縞，一方向模様），毛並み等の取扱い上の注意
	(4) 布地材料の所要量の見積り
カッティングの方法	婦人子供既製服のカッティングの方法に関し，次に掲げる事項について概略の知識を有すること。
	(1) 検反　　　　　　　　　　　　(2) 延反
	(3) 布地の重ね量と裁断上の要点　(4) ノッチ入れ上の注意
縫製の方法	次に掲げる婦人子供既製服の縫製の方法について概略の知識を有すること。
	(1) 芯接着　　　　　　　(2) えり作り及びえり付け
	(3) ダーツ縫い　　　　　(4) 肩入れ
	(5) 脇入れ　　　　　　　(6) そで作り及びそで付け
	(7) ファスナー付け　　　(8) その他
製品検査	婦人子供既製服の製品検査の方法について一般的な知識を有すること。
	(1) 針検査　(2) 外観検査　(3) 寸法検査
アパレル用コンピュータの種類，用途及び使用方法	次の機能を有するアパレル用コンピュータの種類，用途及び使用方法について概略の知識を有すること。
	(1) パターンメーキング　　(2) マーキング
	(3) カッティング　　　　　(4) グラフィック
婦人子供既製服の製造に使用する機械及び器工具の種類及び使用方法	婦人子供既製服の製造に使用する機械及び器工具の種類及び使用方法に関し，次に掲げる事項について概略の知識を有すること。
	(1) 次の裁断用機械及び器工具
	イ　裁ちばさみ　　　ロ　延反機
	ハ　丸刃カッター　　ニ　丸刃式裁断機
	ホ　縦刃式裁断機　　ヘ　バンドナイフ式裁断機
	ト　自動裁断機　　　チ　その他の器工具
	(2) 次の工業用ミシン
	イ　本縫いミシン　　ロ　特殊縫いミシン　　ハ　自動ミシン
	(3) アイロン，バキューム台
	(4) プレス機
	(5) 製図用具
婦人子供既製服に関する日本産業規格	次に掲げる婦人子供既製服に関する日本産業規格について概略の知識を有すること。
	(1) JIS L　0110
	衣料パターンの表示記号
	(2) JIS L　0111
	衣料のための身体用語

	(3) JIS L 0206 繊維用語（織物部門）
	(4) JIS L 0215 繊維製品用語（衣料）
	(5) JIS L 0217 繊維製品の取扱いに関する表示記号及びその表示方法
	(6) JIS L 4002 少年用衣料のサイズ
	(7) JIS L 4003 少女用衣料のサイズ
	(8) JIS L 4005 成人女子用衣料のサイズ
家庭用品品質表示法	次に掲げる家庭用品品質表示法について概略の知識を有すること。 (1) 組成表示　(2) 絵表示

【実技試験】

次の各号に掲げる科目のうち，受検者が選択するいずれか一つの科目

1 婦人子供注文服製作作業

採寸	採寸ができること。
製図及び型紙の製作	1 原型の作図ができること。 2 型紙の製作ができること。
裁断	平面裁断ができること。
仮縫い，着せ付け，補正及び裁ち合せ	1 仮縫い作業ができること。 2 着せ付け作業ができること。 3 補正作業ができること。 4 裁ち合せ作業ができること。
縫製及び仕上げ	1 手縫い及びミシン縫いの縫製作業ができること。 2 仕上げ作業ができること。
縫製機械の点検及び調整	1 ミシンの簡単な点検ができること。 2 ミシンの簡単な調整ができること。

2 婦人子供既製服パターンメーキング作業

作業指示書の作成	作業指示書の作成ができること。
工程分析	工程分析ができること。

パターンメーキング	パターンメーキングができること。
製品検査	製品検査ができること。
3　婦人子供既製服縫製作業	
工程分析	工程分析ができること。
マーキング	マーキングができること。
カッティング	カッティングができること。
縫製及び仕上げ	縫製及び仕上げ作業ができること。
製品検査	製品検査ができること。
縫製機械の点検及び調整	1　ミシンの簡単な点検ができること。 2　ミシンの簡単な調整ができること。

第1章　繊維と生地

第1節　衣服の種類

1. 生活製品に求められる要件
　　顧客は安くてよいものに満足を感じます（図1-1-1 参照）。

2. おしゃれ製品に求められる要件
　　婦人子供服製品にはおしゃれ感が求められるが，その要件として次の点を上ることができます。
　　① 　最新ファッションのもの
　　② 　いろいろな組合せができるもの
　　③ 　洗練されたもの

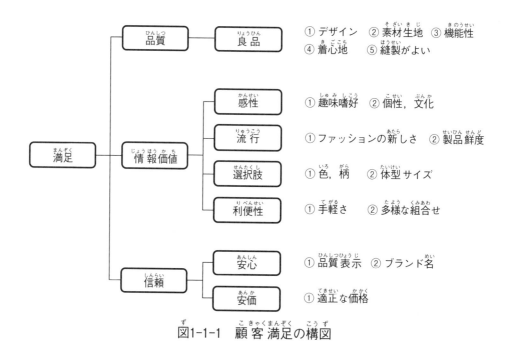

図1-1-1　顧客満足の構図

3．TPO による衣服の種類

衣服の種類は，「TPO」（時《Time》，場所《Place》，状況《Occasion》）によって様々に変わります。これを分類すると，表 1-1-1 の通りとなります。

表 1-1-1　TPO（時・場所・状況）による衣服の種類

区分	分類	品種	備考
室内着	ナイトウェア（寝るときに着る衣服）	① パジャマ	寝間着（子供から大人まで着用）
		② ネグリジェ	女性用のおしゃれな寝間着
		③ ガウン	寝る前のくつろぎと保温のための服
	部屋着（普段，家の中で着る服）	① ホームウェア	カットソー，Tシャツ，ジーンズ
		② ラウンジウェア	ブラウス，スーツ，ワンピース
		③ 補助着	エプロン，サロペット
外出着	アウターウェア（外出するときに着る服）	① タウンウェア	近所の買い物や散歩するときの普段着
		② カジュアルウェア	旅行や遊びに気軽にはおる服
		③ ビジネスウェア	仕事着として着る服
		④ ジーンズウェア	一般活動着として着る服
	フォーマルウェア（儀礼的な目的で着る服）	① ウェディングドレス	結婚式で花嫁が着る服
		② イブニングドレス	観劇や祝い事で着る服
		③ パーティードレス	結婚式や誕生会など華やかな会で着る服
		④ ブラックフォーマル	葬儀や法事で着る服
その他	ユニホーム	制服	学生服，作業服，白衣，官服など
	スポーツウェア	運動着	スキーウェア，ゴルフウェアなど
	救急衣料	火災や救命用衣料	特殊素材でできた衣料

衣服の主な品種（アイテム）は次の通りです。
① 中　　衣：キャミソール，タンクトップ，Tシャツ，ブラウス
② ボ ト ム：スカート，パンツ，キュロット
③ ニ ッ ト：セーター，カーディガン，カットソー
④ ジ ー ン ズ：パンツ，スカート，ベスト，ジャケット
⑤ ト ッ プ ス：ジャケット，ベスト，コート，ワンピース
⑥ セ ッ ト：スーツ，アンサンブル

第2節　主な繊維の分類

　繊維は,その素材による天然繊維と化学繊維の区分と,繊維長さによる短繊維と長繊維の2つの区分によって分類されています（図1-2-1参照）。

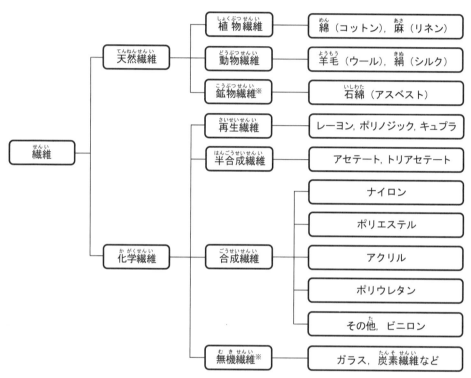

```
                              ┌─ 植物繊維 ──── 綿（コットン）, 麻（リネン）
                 ┌─ 天然繊維 ─┼─ 動物繊維 ──── 羊毛（ウール）, 絹（シルク）
                 │            └─ 鉱物繊維※ ─── 石綿（アスベスト）
         繊維 ───┤
                 │            ┌─ 再生繊維 ──── レーヨン, ポリノジック, キュプラ
                 │            ├─ 半合成繊維 ── アセテート, トリアセテート
                 └─ 化学繊維 ─┤            ┌─ ナイロン
                              │            ├─ ポリエステル
                              ├─ 合成繊維 ─┼─ アクリル
                              │            ├─ ポリウレタン
                              │            └─ その他, ビニロン
                              └─ 無機繊維※ ── ガラス, 炭素繊維など
```

※鉱物繊維及び無機繊維は,一般的にアパレルの素材としては使用しない。

図1-2-1　繊維の分類

第3節　主な繊維の特性

表1-3-1　繊維の特性

繊維名		比重	汗・吸水性	水洗い・難易度	帯電防止	難燃性	耐熱性	収縮・縮絨	引張強度	縫製・ピリング
天然繊維	綿（コットン）	1.54	◎	◎	○	×	◎	○	○	○
	麻（リネン）	1.50	◎	◎	○	×	◎	○	○	○
	羊毛（ウール）	1.33	○	△	△	△	△	○	○	△
	絹（シルク）	1.32	◎	△	△	△	△	○	△	○
化合繊	レーヨン	1.51	◎	△	○	×	◎	△	△	○
	キュプラ	1.50	◎	△	○	×	◎	△	△	○
	ナイロン	1.14	×	◎	×	×	△	◎	◎	△
	ポリエステル	1.38	×	◎	×	×	△	◎	◎	△
	アクリル	1.15	×	◎	×	×	△	◎	○	△

◎優れている，○適正，△やや難，×不適

第4節　天然繊維の特性

ここでは，表 1-3-1 の中の天然繊維について述べます。

1．綿繊維（コットン）

世界の繊維消費量の約50％以上を占める素材で，生産時のエネルギー消費が少ない。着用後に捨てる場合でも微生物で分解できるなど，環境に適した繊維。

① 軽い　　　② 保温性に優れている　　　③ 染めやすく，発色しやすい
④ 熱に強い　　⑤ 肌触りがよい　　　⑥ 水洗い，アイロン掛けがしやすい

＜対象となる主な製品＞

肌着，シャツ，ブラウスなど

2．麻繊維（リネン）

① 水を吸いやすい　　② 綿より強い　　③ 通気性がよい

④ シワになりやすい

＜対象となる主な製品＞

夏もの衣料に適する

3．羊毛繊維（ウール）

① 弾力がある　　② 手触りよく，張りがあり・堅ろうで保温，吸水性に富む
③ シワになりにくく，形が安定している　　④ 染めやすい

＜対象となる主な製品＞

スーツ，コート，セーターなど。毛織物には，次の動物の毛が多く使用されている。

1）ウール（ヒツジ）　　2）モヘア（ヤギ）　　　3）カシミヤ（ヤギ）

4）アルパカ（パコ）　　5）アンゴラ（ウサギ）

4．絹繊維（シルク）

① 軽い　　② 肌触りがよい　　③ シワになりにくい
④ 光沢があり，高級感がある

＜対象となる主な製品＞

和服，ネクタイ，ブラウス，高級ドレスなど

第5節　化合繊の特性

　ここでは，表1-3-1の中の化合繊について述べます。

1．レーヨン
　　① 軽く，熱に強い　　② 肌触りがよい　　③ シワになりにくい
　＜対象となる主な製品＞
　　裏地

2．キュプラ
　　① 軽く，熱に強い　　② 肌触りがよい　　③ シワになりにくい
　　④ 静電気が起きにくい
　＜対象となる主な製品＞
　　裏地（高級品）

3．ナイロン
　　① 繊維の中で摩擦に最も強い　　　　② よく伸びる。弾力がある
　　③ 熱を加えると加工できる（プリーツ加工など）　　④ 風合いがソフトでなめらか
　　⑤ 日光にあたると黄色くなりやすい
　＜対象となる主な製品＞
　　ストッキング，婦人用肌着，スポーツ衣料（スキーウェア，ウインドブレーカー），
　水着など

4．ポリエステル
　　繊維が細く，ソフトな風合いが得られるので，いろいろな使い道があります。
　　① 比重が軽い　　　② 水を吸いにくい，また乾いた後も品質に変化が少ない
　　③ 染色や減量加工が可能でドレープ性が得られる　　④ 弾力がある
　　⑤ 型くずれしにくい，シワになりにくい
　　⑥ 熱を加えると加工しやすい，その場合でも寸法が変わらない
　　⑦ 繊維が細いので，見た目がやわらかい　　　　⑧ 洗濯しやすい
　＜対象となる主な製品＞
　　すべての衣服

5．アクリル

発色がよいので，プリント加工に適しています。

① 比重が軽い　　② 保温性に優れている　　③ 見た目がやわらかい

④ 染めやすく，発色しやすい　　⑤ 日光にあてても，色が変わりにくい

＜対象となる主な製品＞

セーター，靴下，肌着，インナー・ウエア　　など

6．新合繊

ポリエステルを改質した繊維で，従来の合成繊維にはない特徴を備えた合成繊維。特徴により次の4つのタイプがあります。

① ニューシルキー　　② ピーチ調　　③ ドライタッチ　　④ ニュー梳毛

＜対象となる主な製品＞

ジャケット，パンツ，ベスト　　など

7．合成たん白質

主原料は微生物などをつかって合成するたん白質。人工クモの糸，ブリュードプロテイン等があり，優れた性質を持っています。

① 強度がある　　② 弾力性に富む　　③ 耐久性がある

④ 柔らかい　　　　など

＜対象となる主な製品＞

ダウンジャケット，Tシャツ，スポーツウェア　　など

第6節　生地の組成

1. 生地の組成・三原組織

(1) 平織（図1-6-1参照）

　　表裏が同じ組織の丈夫で簡単な織物です。経糸と緯糸を1対1で交互に交わらせる織り方です。一般に，生地は硬くて安定しています。薄地の場合，通気性もよく，夏ものに合います。

　　主な製品として，ガーゼ，クレープ，ギンガム，サッカー，ブロード，ポーラ，ポプリン，タフタなどがあります。

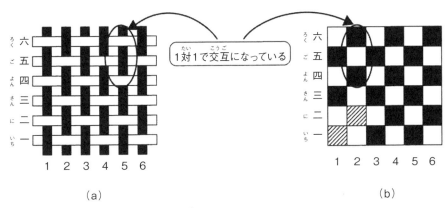

　　　　　(a)　　　　　　　　　　　　　　　　　　(b)

図1-6-1　平織

(2) 綾織（図1-6-2参照）

　　経糸と緯糸が斜めに交わっており，表面が綾目になっている織物です。糸が多く重なっているため，厚手でやわらかい織物になります。外衣によく合います。斜文織りともいいます。

　　主な製品として，サージ，ギャバジン，ツイード，フラノ，デニム，スレーキなどがあります。

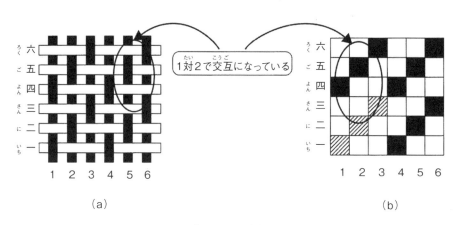

図 1-6-2　綾織

(3)　朱子織（図 1-6-3 参照）

　　経糸と緯糸の交わり部分が，一定間隔で 4 点以上，生地の表面に浮いて見える織物です。表面がなめらかで，すべすべした手触りがします。シワになりにくく，光沢感があり，高級品に使われます。

　　主な製品として，ドスキン，サテンなどがあります。

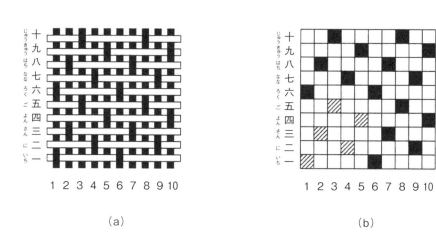

図 1-6-3　朱子織

(4)　その他の織物等
　　① 杉綾（斜文織変化組織）：ヘリンボーン
　　② 二重織：ピケ
　　③ パイル織：タオル
　　④ ジャガード織：図柄織

⑤　レース織：レース

⑥　経編，緯編：ジャージ，トリコット

2．生地の種類

(1)　布帛

　　タテ糸とヨコ糸の本数を変たり一個飛ばして織ったりするなど生地種類に分かれます。ブロード，オックス，ツイル等，ニットの反対で伸縮性があまりない，ただし繰り返し使っても型崩れしにくい，糸と糸の間の密度が高く通気性が低い等の特徴があります。

(2)　ニット

　　編物で，タテ糸とヨコ糸を交差させて編んでいく織物の総称です。タテもヨコも伸びて伸縮性があります。ただし，着用し洗濯を繰り返すと型崩れしやすい，ほどよく体にフィットする，糸と糸の間の密度が低く通気性が高い，糸と糸の間が空いており動きやすい，しわになりにくい等の特徴があります。

第7節　裏地

1．裏地の種類

① 綿裏地

　　一般にポケット袋地（裏地）など付属部品の裏地に使う

② 絹裏地

　　大半の和装に使用，一部高級婦人服の裏地に使う

③ レーヨン

　　素材特性が裏地に適している。外観，着心地がよく，仕立て映えがする

④ キュプラ

　　代表的な裏地素材で広範囲に使用されている。吸湿，耐熱に富み，電気を通し

にくい

⑤ ナイロン

　　レーヨン，キュプラとの交織としてよく使われる

2．求められる機能

① 見た目のよさ

　　色柄，光沢，表地の裏側が透けて見えない

② 着心地，適合性

　　フィット感，なめらかさ，静電気が起きにくい，汗を吸う，ムレない，風通しが

よい

③ 強度

　　破れにくい，熱に強い，汗に強い

④ 扱いやすさ

　　汚れにくい，洗濯しやすい，乾きやすい，ほつれにくい，縫いやすい

第8節　芯地

1．芯地の種類と機能

芯地には，織物，編物及び不織布の3つの種類があります。不織布は，化合繊を原料として繊維を紡いだり，織ったり，編んだりしないで，シート状に加工したものです。特に不織布は，あらゆる用途に向けて開発されています。衣料品用としては，そのほとんどが接着芯地として使われています。

芯地には，次のような機能が求められます。

① 衣服のシルエットを保ち，型をくずれにくくする

② 衣服の張りや強度を保ち，糸がほつれないようにする

③ カットされた布（編地やメッシュ系生地など）が外れないようにする

2．接着剤の種類と特徴

（1）仮接着剤

アイロンで簡単に付くが，同時に簡単にはがれるという特徴があります。部分接着（伸び止めテープ芯，ポケット口芯など）に用いられます。ポリエステル系。

（2）恒久接着剤

接着力が強く，洗濯やドライ・クリーニングにも耐えるという特徴があります。接着専用プレス機による全面接着（身頃前芯，衿芯，前立て芯など）に用いられます。ポリ塩化ビニール系。

3．接着の条件

接着の良し悪しは，①温度，②圧力，③時間の3つの条件によって決まります。接着作業では，剥離強度の基準を満たすことが大切です。

4．接着時における主な問題点

① 剥離：接着していない部分があること（はがれやすい）

② カール現象：どちらかの面にそること

③ ぶくつき：接着箇所が浮きでること

④ 染み出し：接着剤がにじみでること

⑤ 布地つぶれ（照かり）：表地に光沢がでること

⑥ 表面あれ：表地がデコボコになること

⑦　変色：色が変わって見えること

⑧　風合いの変化：洗濯によって風合いが変わること

第1章　確認問題

以下の問題について，正しい場合は○，間違っている場合は×を付けなさい。

1. 下記の布地は，すべて再生繊維です。

   ①　レーヨン　　②　キュプラ　　③　シルク　　④　ポリエステル

2. 編地において，編み目の横の列のことをウエール（Waie）といいます。

3. ヘリンボンは，斜文織変化組織の柄織物です。

4. 麻は，天然繊維の中では最も強度があり，水分の放散性も大きい。また，硬さがあり，接触冷感が夏向きです。

5. 三原組織とは，平織・斜文織・朱子織のことです。

6. シルク（絹）は，動物繊維に属す。まゆ繊維とも言います。

7. 半合成繊維とは，アセテート，トリアセテート，ポリウレタンのことです。

8. 新合繊とは，ポリエステルを改質して，天然素材に近い風合いとした素材。

   新合繊は風合いや完成上の特徴により，ニューシルキー，ピーチ調，ドライタッチ，ニュー梳毛の4タイプに分けられます。

9. 繊維の種類でポリノジックは，動物繊維です。

10. 織物名が原料名になっているのは，アルパカです。

第1章　確認問題の解答と解説

（解答）　（解説）

1．（×）再生繊維は，キュプラ，レーヨンです。

2．（×）ウエール（Waie）とは，編地の耳に並走し，縦方向に出る畝状の編み目の列を言います。

3．（○）ヘリンボーンは，山形斜文織の柄織物を言います。

4．（○）

5．（○）例えば，表面が滑らかで光沢のあるドスキンは，朱子織の一種です。

6．（○）シルク（絹）は，動物繊維の一種。まゆ繊維とも言います。

7．（×）アセテート及びトリアセテートは半合成繊維，ポリウレタンは合成繊維です。

8．（○）新合繊は，風合い・完成上の特徴により，ニューシルキー，ピーチ調，ドライタッチ，ニュー梳毛の4タイプがあります。

9．（×）ポリノジックは，再生繊維です。

10．（○）

第 2 章 縫製設備とミシン，アイロンの技術

（写真提供：株式会社マナック）

第1節 商売の取引き形態

1. BtoB (Business to Business)

企業間の商取引きのことで，企業間の物品の売買やサービスの提供及び企業と金融機関などの取引きのこと，多くはこの形態です。

2. BtoC (Business to Consumer)

企業と一般消費者の商取引き，一般消費者向けに行う事業のこと，近年はネット販売の流れを汲んで直接取引きも増加しています。

3. BtoG (Business to Government)

企業と省庁や地方自治体，公的機関との取引きや公的機関向けに行う事業のことです。

4. CtoC (Consumer to Consumer)

個人間取引きのことで，一般消費者同士が契約や決済を行い物やサービスを売り買いする形態，ネットオークションやスマホアプリを使った売買のことです。

フリマアプリなど「モノ」のシェアやクラウドソーシングに見られる「リリース」のシェア，民泊やライドシェアの「スペース」や「移動」のシェアも該当します。

今回の縫製品の流れはこのBtoBの取り引き形態での主な流れを主体としています。

第2節　縫製品の生産の流れ

　縫製品の生産の流れと縫製工場の実務は，一般的には図2-2-1及び図2-2-2のように
なります。

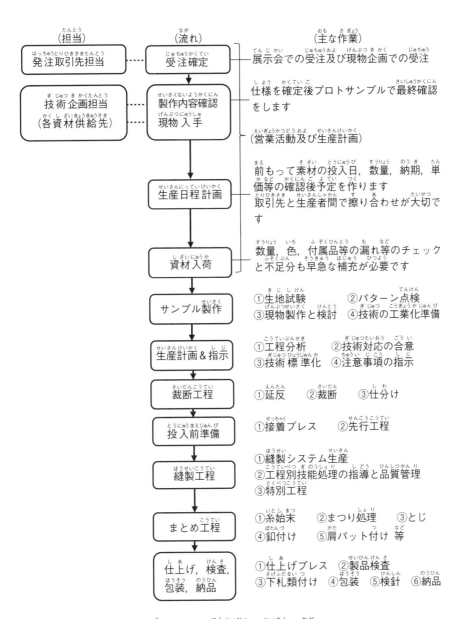

（担当）　　　　　（流れ）　　　　　　　（主な作業）

発注取引先担当 ……→ 受注確定 ── 展示会での受注及び現物企画での受注

技術企画担当
（各資材供給先） ……→ 製作内容確認
現物入手 ── 仕様を確定後プロトサンプルで最終確認
をします

（営業活動及び生産計画）

生産日程計画 ── 前もって素材の投入日，数量，納期，単
価等の確認後予定を作ります
取引先と生産者間で擦り合わせが大切で
す

資材入荷 ── 数量，色，付属品等の漏れ等のチェック
と不足分も早急な補充が必要です

サンプル製作 ── ①生地試験　　②パターン点検
③現物製作と検討　④技術の工業化準備

生産計画＆指示 ── ①工程分析　　　②技術対応の合意
③技術標準化　　④注意事項の指示

裁断工程 ── ①延反　②裁断　③仕分け

投入前準備 ── ①接着プレス　　②先行工程

縫製工程 ── ①縫製システム生産
②工程別技能処理の指導と品質管理
③特別工程

まとめ工程 ── ①糸始末　　②まつり処理　③とじ
④釦付け　⑤肩パット付け　等

仕上げ，検査，
包装，納品 ── ①仕上げプレス　②製品検査
③下札類付け　④包装　⑤検針　⑥納品

図2-2-1　縫製品の生産の流れ

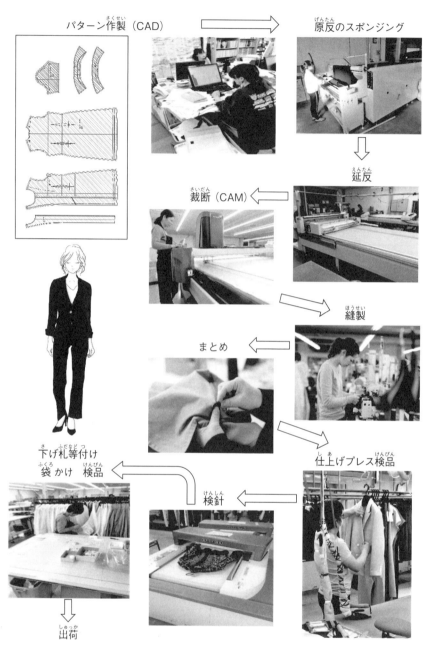

図 2-2-2　縫製工場における実務（内容図）（写真・図提供：株式会社マナック）

第3節　縫製工場における実務

1. 縫製工場の職務

アパレルは縫製工場に生産を発注する場合，必ず納期，品質，コストを指定します。受注した縫製工場は，指定された納期までに製品を完成させなければなりません。そのため工場は下記のように運営しています。

① 生産技術：作業のムダをなくし，生産性を高める

② 加工技術：不良品がでないよう，技術力を高める

　　　　　　縫製仕様に対してもサンプル時の指摘事項を守って作業に当たる

　　　　　　独自の治具を使って品質の安定を図る

　　　　　　安心，安全な物づくりを心がける

③ 納期対応：進捗状況を逐一連絡し，生地，付属品，パターン等の投入遅れ，それに伴う計画の変更の連絡は速やかに行い，先方の指示を仰ぐ

④ 納　品：前もって納品数を連絡し，納品伝票記載についても指示通りに記載し，必ず検品，検針を済ませて指定場所に納品する

2. サンプル（試作品）製作

縫製工場は，アパレルの注文通りの製品であるかどうかをチェックするために，本格的な生産に入る前に，サンプルを試作します。

(1) サンプル作業の流れ

縫製企業におけるサンプル製作の標準的な流れは，大きく分けて次の4通りがあります。

① サンプルの為のプロトタイプ：企画（案）に基づき作成する最初のサンプル（売れ筋を追求するため）。

② 展示会サンプル：展示会などを開き，お客様に前もって企画提案しサイズ等，受注数量等を決めるためのサンプル。

③ 先上げサンプル：本生産の前に最終的な品質，仕様を確認し注意事項を書面でもらい現物と照らし合せ本生産作業時にチェックできる製品。

④ 納品前サンプル：本生産出荷前に先上げサンプルと注意事項に適合しているかいなか提出して納品確認を得るた

めの製品サンプル。寸法，仕様等チェックして抜き取りで行います。発注側によりますが，通常は各色各サイズ1枚づつは必要です。

①②なしに③だけを行うような場合は，次の点に注意する必要があります。この場合，本生産の素材の特性がサンプル反と違う場合があるので注意します。

1）パターンの点検（生地の縮率データが加味されているか？）

2）生地特性の把握（色ごとの縮率はどうか？生地巾は企画通りか？）

3）縫製仕様書の確認（仕様書通りのパターンか？サイズは指示通りか？各箇所の仕様が間違っていないか？等）

また，サンプル製作において重要なことは，各作業者が行う作業内容，方法，順番，時間などを工程表に記しておきます。ミシン針と縫い糸の選定，アイロン処理（温度，蒸気量），縫製難度をパターン上に反映する等，留意する必要があります。

縫製仕様についても，コスト，難度，製品の出来栄え等ここで先方デザイナーと打ち合わせして，最適な製品になるようにします。

(2) サンプル裁断

先上げサンプルを行う場合，サンプル裁断はすべて一枚裁ちとします。このとき，縫製前に生地の特性（縮率，組成）を把握し，できる前処理は施しておきます。粗裁ちが必要な場合も本生産を前提とした作業にします。

(3) 検査と納品

先上げサンプル製作では，縫製上がりから仕上げプレスまでの工程すべてを社内で作り上げるのが一般的です。この場合，サンプルが完成した際，縫製仕様書と比べ指示寸法通り，仕様間違いはないかどうか入念にチェックすることが大切です。

(4) 発注側による評価

受注した縫製企業は，サンプルができあがると発注側のチェックを受けます。発注側は，そのサンプルについて品質，技術的な問題点などを検討し，その結果は工場へ報告されます。工場はこの報告を受けて本生産を開始します。

3．製造工程の作業手順

縫製品の製造工程は，大別して裁断，縫製，仕上げ検査の3つの工程があります。さらに縫製は，前準備の工程と主縫製の工程に分けることができます。各工程には多くの作業があります（図2-3-1参照）。

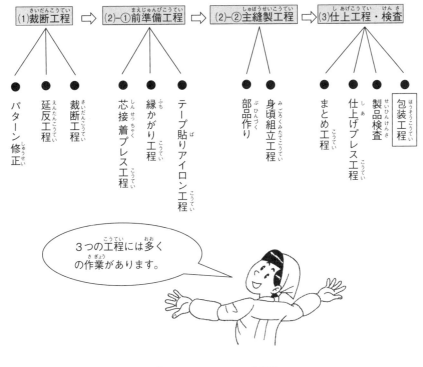

図 2-3-1　３つの工程

（1）裁断工程
　①　原反受入れと生地の処理
　　　原反受入れと生地の処理には，次の作業があります。
　　1）原反及び副資材の仕入れ時に伝票と現物の数量確認をします。確認後伝票に受領印を押し返却します。
　　2）原反の受入れ検査（色別反メーターの確認と良否の検査）をします。
　　3）生地試験を行いサンプル反と比較し，物性が違う場合は発注側に判断を仰ぎ対処します。生地傷についても同様に対応します。
　　4）放縮（放反）及び縮絨（スポンジング）
　　　生地（織物若しくはニットの原反）は生地メーカーから出荷される場合，芯に巻かれた状態で入荷します。巻かれた「ひずみ」を緩和するために解反して，軽くトレイに置き，放置することで「ひずみ」が緩和できます。その作業を放縮（放反）と言い約一昼夜寝かしておく必要があります。最近はスチーミングや振動を加え生地があるままの状態にしておく「スポンジング」という作業も工場で自己防衛のために行うことがあります（図2-3-2参照）。

図 2-3-2　スポンジングマシン（写真提 供 ：株式会社マイナック）

② 延反作 業

　　延反作 業 とは，生産計画に基づき，表 地，裏地，芯地等をマーキングデータか
ら得られる用 尺（一 着 当たりの生地の使用m）通りの長さに，生地を重ね，そろ
える作 業 をいいます（図 2-3-3 参 照 ）。

　　一反毎に重ねると仕分け作業 がやり易く，反物毎の染のロット管理もしやすく
なります。反物は染具合が各反物で違うので，縫製作 業 に移す場合ロットごとの
仕分けをして投 入 します（同じロットで縫い合わせないと縫い合わせ部分が色違
いを起こします）。

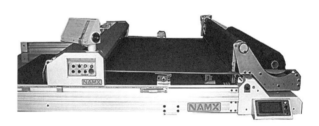

図 2-3-3　自動延反機（SP- 5 ）（写真提 供 ：株式会社ナムックス）

③ 裁断

　　裁断作 業 は，生地の種類や組成によって，その方法が少しずつ変わります。裁断
方法には次の３つの方式があります。
1 ）裁断機による直裁断
2 ）荒裁ちとバンドナイフによる精密裁断
3 ）荒裁ち，再度重ね揃えとバンドナイフによる精密裁断
　　最近では３）が一般的になりました。これは接 着 芯を貼る時に高温（160度 位 ）
で接 着 するため，芯地の縮みと生地の高温による熱収 縮 が起こるのでパターン
通りに裁断するためにはこの作 業 が欠かせません。

現在はCAMが普及しており，マーキングデータを入れる事で自動的に精密に裁断でき，省力化も図れます。
　荒裁ちの必要な個所については，パターン上に縮み分を加味したパターンに作り替え，精密にバンドナイフ若しくはCAMで裁断します。

【裁断機】
・丸刃裁断機（図2-3-4(a)参照）：一枚裁断などに使用します。
・堅刃裁断機（図2-3-4(b)参照）：荒裁ち直裁断などに使用します。
・バンドナイフ（図2-3-4(c)参照）：精密裁断に使用します。
・コンピュータ裁断機（CAM：Computer Aided Manufacturing）（図2-3-5参照）：無人で自動的に裁断でき，CADデータを入力する事で色々な型に対応できます。

(a)　丸刃裁断機（KR-A）　　(b)　堅刃裁断機（KS-AUV）　　(c)　バンドナイフ（KBK-900）

図2-3-4　裁断機（写真提供：株式会社ハシマ）

図2-3-5　コンピュータ裁断機（P-CAM）（写真提供：株式会社島精機製作所）

④　接着
　製品の補強と縫製をしやすくする，またはスタイルを保持するために接着芯を

貼る工程があります。接着機にはホフマン型とローラー式が一般的であり, 高温で樹脂を溶かして接着します。接着強度についてはその都度確認し, 剥離しないような温度と圧力, 接着時間を前もって決めて段取りします (図2-3-6参照)。

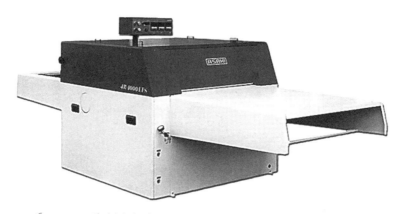

図2-3-6　低温接着プレス (ローラー式) (JR-1000LTS)
(写真提供 : アサヒ繊維機械工業株式会社)

⑤　**裁断品の仕分けとロット区分**

　　仕分けとは, 裁断された生地を色やサイズ別にそろえることです。仕分けするとき, 管理しやすいように重ねて仕分けます (バンドル)。その仕分け単位をロットといいます。ロット毎に通し番号を入れると便利です。また, 番号を工夫するとムダが省け, 作業ミスを少なくすることができます。この裁断仕分けロットを裁断ロット明細として裁断報告書に記入すると良い。縫製順序や作業報告は, このロット番号を使って行われるからです。またこの時点での生地の裁断枚数と, ロット番号を照合することで, 生地の不足, 生地不良等が判明でき, 後日素材クレームが起こった場合に対処できます。

　　なお, この時点で裁断の抜取り検査を行います。生地の積み重ねの上側と下側で裁断ずれが起こりやすいために上下一枚ずつ重ね合わせるとズレを発見しやすくなります。

⑥　**残反の処理**

　　裁断の結果として残った布の切れ端を残反, 残布といいます。残反は残った布が1着分以上の場合をいい, 残布はそれ以下の場合をいいます。納品が完了するまでは, 残反, 残布は捨てずに取っておくことが大切です。縫製ミスや生地不良などにより, 作り直す必要がでてきた場合に備えるためです。

(2) **縫製工程**

① **前準備工程**

　縫製作業に入る前の準備工程は，服の種類に関係なく行われる共通の工程です。

　次に3つの工程を述べます。

1）**芯接着プレス工程**

　裁断された布地に芯地を正しくのせ，プレス機に入れる作業です。単純作業ですが，その分，速く，確実な作業が求められます。これには，前身頃芯貼り，地衿芯貼り，見返し芯貼り，フラップやカフスなどの芯貼り，ボトムのベルト芯貼りなどの作業があります。

2）**伸び止めテープ貼りアイロン工程**

　生地の伸びやゆがみを防ぐため，生地端を補強する作業です。これには，衿ぐり，袖ぐり，肩線，後身中心線，見返し，切替布などへのテープ貼りなどの作業があります（タテテープ，バイヤステープを使用し，縫い合わせ箇所によってもテープ巾等を変える事で，仕様が変えられ，主に寸法を保つ箇所はタテテープ，少し動きを求める箇所はバイヤステープを使います。）。

3）**縁かがり工程**

　縁かがり工程とは，生地を裁断したときの布端のほつれ防止処理作業のことです。布端の処理は，生地の種類や製品の仕様などによって異なります。

　処理の種類は次の7つがあります。

(a) 　生地の空ロック処理（オーバーロック・ミシン）

(b) 　生地を二つ折りにしてからその箇所をからげることで生地端を留めるミシン処理（すくいミシン）

(c) 　生地を三つ巻して縫い代を隠すミシン処理（本縫いミシン）

(d) 　バイヤステープによるパイピングミシン処理（本縫いミシン）

(e) 　袋縫いミシン処理（本縫いミシン）

(f) 　アタッチメントを使ったバインダー処理（並列三本針ミシン）

(g) 　インターロックミシンによる縫合処理（インターロック・ミシン）

② **主縫製工程**

　主縫製工程とは，前準備工程以降，デザインと縫製仕様に沿って進められる縫製作業（部品作りと身頃組立て工程）です。

　縫製工場には，ムダ排除による作業処理の高速化と作業者の技能の高度化が求められています。工場では，作業者の大半がこの工程に従事しているので，こ

の工程の技術と生産能力が工場の競争力を左右します。作業改善やシステムの研究，設備の近代化を通じて最適な主縫製工程の改善が必要です。

　工場の高度化に重要なポイントは，「分業」と「流れ作業」です。これらが相互に連携し，バランスを保つことで，高度化は達成されます。

　主縫製工程の種類は次の通りです。

１）複合縫製システム

　　QR（Quick Response）生産へ対応できる方式です。次の２つの種類があります。

　　（a）トヨタ・ソーイング・システム（TSS：Toyota Sewing System）：多能工化と小班化による１枚流れ方式

　　（b）JUKI-QRシステム（QRS：Quick Response Sewing System）：多能工化と多機能複合ミシンによる方式

２）多品種QRシステム

　　QRシステムと汎用自動機を組み合わせたシステムです。次の２つの種類があります。

　　（a）小班縫製システム：自動先行班（汎用自動機を活用する作業班）と小班を併用した方式

　　（b）自動先行班と縫製システムまたは複合縫製システムを併用したシステム

　　縫製システムは，量のみの追求から質及びタイムリー（適時）な供給へと進化してきました。この進化に従って，縫製システムのあり方も次のように変わってきました。

・工程分析表に基づく各作業の受持ち時間の標準化

・汎用自動機の有効活用による生産性の追求と品質のばらつきを無くす

・小班体制（20人以下）による適正なQRシステムの高度化

・多能工化した知的技能者による協調連携（一人一人の技術力が優れており，どの工程もこなすことができる，少ロット短納期，高品質を生み出せる仕組みです。）

　　QR生産では，分業ごとの手持ち仕掛り数を可能な限り少なくし，短サイクルで回転する作業ルール（規則）とチームワーク（協力連携）を保ち，助け合い連携するシステムが求められています。

(3) 仕上げプレス及び検査

　工業生産において縫製作業の最終特殊ミシン工程が完了した後，仕上げ工程に入ります。仕上げ工程には，まとめ工程，仕上げプレス工程，製品検査と検針，包装工程があります。

① まとめ工程

　　まとめ工程とは，ボタン付け，カギホック付け等と衣服のシルエット（外観）を安定させたり，型くずれを防ぐための作業です。これには次の作業があります。

　1）糸始末（本縫いミシンの糸残りを取る，太番手の飾り糸を裏で結ぶ）

　2）まつり処理（ミシン縫いができない箇所の手縫いまつり）

　3）補助的なまとめ処理（裏地の鎖止めなど）

　4）しつけ止め処理（ベンツやポケット口などの仮しつけ）

　5）特殊な形状を補助する仕上げ処理（奥星入れまつり）など

② 仕上げプレス工程

　　仕上げプレス工程とは，衣服製造の最終工程で，市場に出す前に，製品を整える作業です。これには次の作業があります。

　1）製品の外観の安定処理（小じわ取り）

　2）成型プレス加工処理（特に「men's」仕立てに多く，型に固定する事でシルエットを保てます。）

　3）補正仕上げアイロン処理（全体のシルエット，左右のバランスを整えます。）

　4）不良箇所の発見（検査）と汚れキズなどの修理も行います。手直しできない製品は，ラインに戻して修理してから再プレスして出荷します。

③ 製品検査と検針

　　納品前に必ず製品検査を行います。製品検査には次の2つがあります。

　1）寸法検査

　　　約10枚に1枚程度を抜き取り，サイズごとに寸法を測り検査します。寸法の誤差は，アパレルからの指定やJIS（Japanese Industrial Standards：日本産業規格）などの判定基準に照らして行います。

　2）品質検査

　　　原則として，完成品として全てを検査します。アパレルの検査基準に基づいて行われます。検査内容は，製品の出来栄え，シルエットなど検査員の感覚に頼るものが多く，総合評価で判断されます。具体的には，次の内容です。

　・全体のシルエット（外観）と左右のバランス（調和）具合

　・ミシン，アイロンの仕上がり状態

　・生地の傷，染み，色違いなどの有無

　・品質表示，ネーム類の確認

　　　上記の製品検査が終ると最後に検針を行います。検針とは，縫製途中で折れた針が残っていないかなどを調べることです。製品を検針器に通して，金属反

応がないかを調べます。PL法（Product Liability：製造者責任）では衣料品にその実施をするように望まれています。当然縫製時には折れ針管理が必要であり，折れた針が復元できるまでラインを止めて対応しなければなりません。

④ **包装工程**

完成品を納品するために包装する最後の作業です。

・最終プレスした製品を，畳んで納品の場合：下げ札，品質表示，デメリットなどのタグをチェックしビニール袋に丁寧に入れて箱詰めして出荷します。（その場合，納品数量，品番等上書きする場合がほとんどです。）

・製品をハンガー納品する場合：下げ札類をお客様の指示通りの位置に付け，ビニール袋を被せて皺にならないようにして，ハンガー車か，立体ケースに入れて納品します。

第4節　工程分析表

　工程分析表とは各縫製作業工程を加工順に並べてその工程毎の時間を書き込み線で結んだもので，縫製作業全体を表すものです（図2-4-9，図2-4-10参照）。工程分析表を基に，作業割当，レイアウト，作業の流し方などが設計され，作業全体が作られています。

　管理者は，工程分析表を使って生産状況を把握し，ムダがないかをチェックし，悪いところがあれば工程をまとめたり，組み替えたりして工程がスムーズに流れるように改善します。縫製の主な工程を次に述べます。

1．ファスナー付け工程

　ファスナーは，衣服の開閉部分に使用される副資材です。ファスナーは，テープ状の布に交互にかみ合うムシ（エレメント）と上下に動くスライダーからできています。ファスナーの下に止め具がある一体型と，止めがなく両側から開閉できる分離型の2つのタイプがあります。

　ムシは金属，ナイロン，ポリエステル樹脂などでできています。ナイロン，ポリエステル樹脂でできているものは，いろいろな色を付けられるので，最近はこのタイプが多く使用されるようになってきました。

　ファスナー付けは，使用時の耐久性を保つようにJIS（Japanese Industrial Standards：日本産業規格）では二条縫いとなっています。

　ファスナー付けの方法は大きく次の3つがあります。

① **ファスナー付け**

　　標準タイプです。ムシとテープを保つ専用の押えを使って縫い付けます。

② **コンシール・ファスナー付け**

　　ムシが表から見えないタイプです。婦人子供服によく使われる。専用の押えを使って縫い付けます。

③ **ファスナーはさみ付け**

　　両側から開閉できるタイプです。表地と見返し布の間にはさんで縫い付けます。ジャンパーやジャケットによく使われます。

　パンツ，ジーンズ，スカートなどは，前カンやスナップなどを使って履き易く，脱着しやすいように設計されています。

　ワンピースには，長いコンシール・ファスナーが使われておりファスナーの開け閉めで脱着しやすくしています。

ジャンパー，ジャケット類は，通常，表地と見返し布に芯地を接着し丈夫に作られており脱着はボタンによる開け閉めがほとんどで，はさみ付けは左右の身頃の合せ線が曲がったり，よじれたり，重なったりしないように注意する必要があります。

2．衣服の機能設計

衣服は上衣（トップス）と下衣（ボトム）に区分されます。上衣，下衣に共通する機能はダーツ縫い（又はタック縫い）とポケット作りの各種です。衿付け，袖付け，ドンデン（ひっくり返す）等の作業はボトムには無い作業です。ボトムはベルト付けが作業としては上衣と違う程度です。

ダーツ，ポケット及び袖は，まず機能が重視され，次にデザインのバリエーション（変化）へと発展していきました。一方，今はデザインが重視され，その変化は多様です。

(1) ダーツ縫い

平らな生地を立体的な体に合わせるため，三角状に縫う方法をダーツ縫いと言い，できあがったものをダーツといいます。ダーツを割り（倒し），アイロンして，立体的なシルエットを出します。ダーツ縫いには，ワンポイント・ダーツとツーポイント・ダーツ（図2-4-1(f)参照）があります。ワンポイント・ダーツは，つまんで三角に縫い消す箇所が1つのものを指します。ツーポイント・ダーツは，菱形のダーツで，縫い始め，縫い終わりの2箇所を縫い消すものを指し，主にドレスやジャケットのウエストを絞り込むためのものです。ダーツには次の種類があります。

① 上衣

1）ウエスト・ダーツ（図2-4-1(a)参照）：ワンポイント・ダーツ及びツーポイント・ダーツ

2）アームホール・ダーツ（図2-4-1(b)参照）：ワンポイント・ダーツ

3）サイド・ダーツ（図2-4-1(c)参照）：ワンポイント・ダーツ及びオープン・ダーツ（図2-4-1(e)参照）

4）ショルダー・ダーツ（図2-4-1(d)参照）：ワンポイント・ダーツ

5）その他：袖，アーム・ホールなど

② ワンピース，ロング・ジャケット

ツーポイント・ダーツ（図2-4-1(f)参照）：ウエスト中心から上下に向かって縫います。ウエスト部分を細くします。

③ ボトム

ワンポイント・ダーツ：ウエスト線から下に向かって縫います。

ダーツ縫い作業で重要な点は，縫い消し状態で返し縫いすることです。

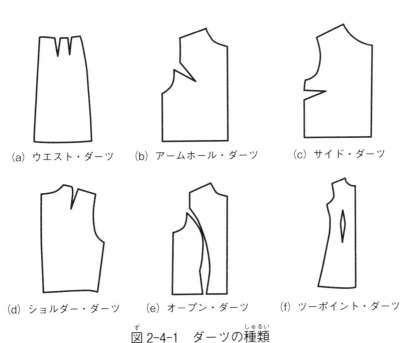

(a) ウエスト・ダーツ　　(b) アームホール・ダーツ　　(c) サイド・ダーツ

(d) ショルダー・ダーツ　　(e) オープン・ダーツ　　(f) ツーポイント・ダーツ

図 2-4-1　ダーツの種類

(2)　アイロン処理

　　アイロン処理は重ね箇所をカットした上で 行いますが，次の２つの方法があります。

①　割りアイロン

②　片倒しアイロン

　　アイロン処理作業のポイントは，ダーツ・ポイントがエクボ状にならないようにすることと，当たりが 出ないようにすることです。

(3)　ポケットの種類

①　パッチ・ポケット（図 2-4-2(a) 参照）

　　ポケットを別に作り，身頃の付け位置に縫い付けます。シャツの胸ポケットやジャケットの腰ポケットなどがこれに相当します。

②　スラッシュ・ポケット（図 2-4-2(b) 参照）

　　脇線箇所に 袋布を付け，折り返して加工します。パンツの脇ポケットなどがこれに相当します。

③　玉縁ポケット（図 2-4-2(c) 参照）

　　ポケット口を矢はね（三角）型にカットし，玉縁に折り返して加工します。玉縁には，両玉縁（上下ともに折るもの）と片玉縁（上下どちらかだけ折るもの）があります。パンツの後ろポケット，ジャケットの腰ポケットなどがこれに相当しま

す。

④ **フラップ付きポケット（図2-4-2(d)参照）**

　玉縁ポケットに雨蓋（フラップ）を付けたものです。付け方には，縁を縫い付けるときに一緒にフラップを付ける方法とポケット口始末のときにはさみながらフラップを付ける方法の2つがあります。スーツ，ジャケットの腰ポケットなどがこれに相当します。

⑤ **箱ポケット（図2-4-2(e)参照）**

　ポケット口を強調したものです。これを別に作り，身頃ポケット位置に縫い付けます。ポケット口を矢はね型にカットし，折り返してポケット口始末を表からステッチで加工します。ジャケットの胸箱ポケット，コートの腰箱ポケットなどがこれに相当します。

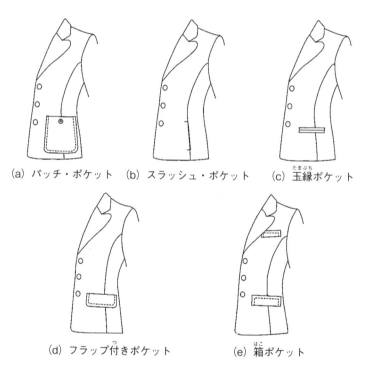

(a) パッチ・ポケット　(b) スラッシュ・ポケット　(c) 玉縁ポケット

(d) フラップ付きポケット　　(e) 箱ポケット

図2-4-2　ポケットの種類

(4) 衿の種類

(a) テーラード・カラー

(b) ピークドラペル・
カラー（剣衿）

(c) へちま衿

(d) オープン・カラー

(e) 台衿付きシャツ・カラー
（開衿スポーツ・カラー）

(f) スタンド・カラー

(g) ステン・カラー

(h) ポロ・カラー

図 2-4-3　衿の種類

(5) 袖の種類

(a) ドルマン・スリーブ

(b) ラグラン・スリーブ

(c) フレンチ・スリーブ

(d) キャップ・スリーブ

(e) シャツ・スリーブ

(f) 二枚袖

(g) 一枚袖

(h) ノー・スリーブ

図 2-4-4　袖の種類

（6）　ジャケットの種類

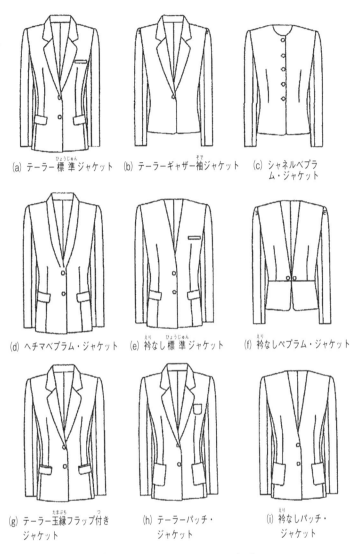

(a) テーラー標準ジャケット　　(b) テーラーギャザー袖ジャケット　　(c) シャネルペプラム・ジャケット

(d) ヘチマペプラム・ジャケット　　(e) 衿なし標準ジャケット　　(f) 衿なしペプラム・ジャケット

(g) テーラー玉縁フラップ付きジャケット　　(h) テーラーパッチ・ジャケット　　(i) 衿なしパッチ・ジャケット

図 2-4-5　ジャケットの種類

（7） スカートの種類

  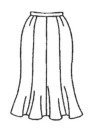

（a） タイト・スカート　　（b） ボックスプリーツ　　（c） ゴアードスカート
　　　　　　　　　　　　　　　・スカート

  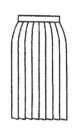

（d） ダイアゴナルスカート　（e） フレアー・スカート　（f） オールプリーツ・
　　　　　　　　　　　　　　　　　　　　　　　　　　　　スカート

（g） アコーディオンプリーツ　　（h） キュロットスカー　　（i） サーキュラースカート
　　　・スカート　　　　　　　　　　ト

図 2-4-6　スカートの種類

(8)　ベンツとスリットの機能と種類

　ベンツ，スリットは，よく使用される縫製工程の１つです。

　人は，日常生活の中で，立ったり，座ったり，手足を動かしたりします。これらの動きに対して衣服が無理なく対応できるように工夫されたデザインが，ベンツ，スリットです。

　ベンツは，主にコートやジャケットの背裾部に施されますが，その位置によって次の２つがあります。

①　センター・ベンツ（図2-4-7(a)参照）：背中心線の裾部
②　サイド・ベンツ（図2-4-7(b)参照）：脇線の裾部

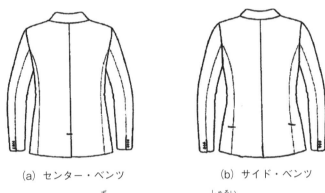

(a) センター・ベンツ　　　　(b) サイド・ベンツ

図2-4-7　ベンツの種類

　スリットは，ブラウス（シャツ）やスカートの裏地，袖口などに施される切込み状のデザインをいいます。

　ベンツとスリットの切込み状態は，図2-4-8のように異なります。

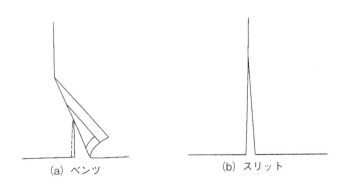

(a) ベンツ　　　　　　　(b) スリット

図2-4-8　ベンツとスリットの違い

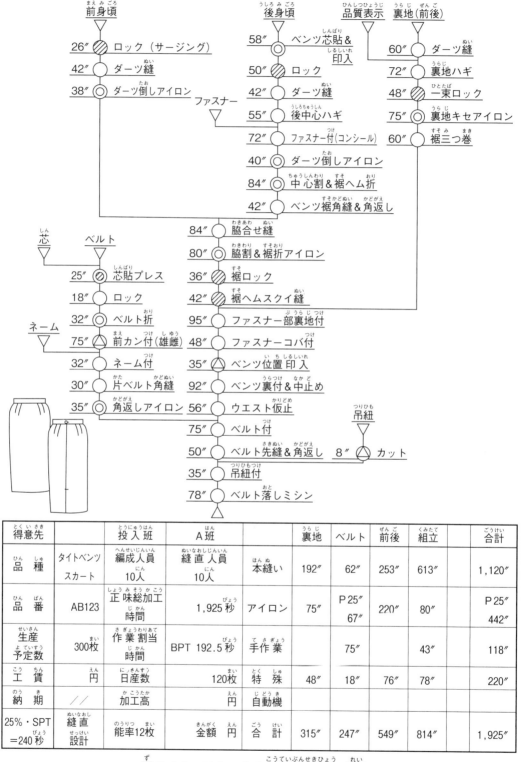

得意先		投入班	A班		裏地	ベルト	前後	組立		合計
品種	タイトベンツ スカート	編成人員 10人	縫直人員 10人	本縫い	192″	62″	253″	613″		1,120″
品番	AB123	正味総加工 時間	1,925秒	アイロン	75″	P 25″ 67″	220″	80″		P 25″ 442″
生産 予定数	300枚	作業割当 時間	BPT 192.5秒	手作業		75″		43″		118″
工賃	円	日産数	120枚	特殊	48″	18″	76″	78″		220″
納期	//	加工高	円	自動機						
25%・SPT =240秒	縫直 設計	能率12枚	金額 円	合計	315″	247″	549″	814″		1,925″

図 2-4-9 スカートの工程分析表（例）

— 54 —

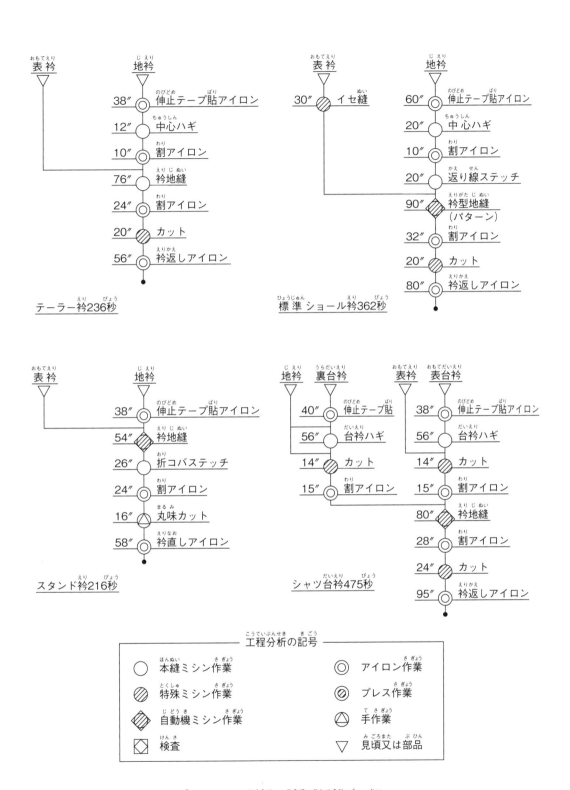

図 2-4-10　各衿の工程分析表（例）

第5節 アイロン

1. アイロン作業の原理

　縫製作業は，ミシン作業とアイロン作業の2つの作業がセットになって成り立っています。本節では，アイロン作業について説明します。

　アイロン処理に必要な条件は，生地の素材に対し次の条件を満たす必要があります。

(1) 温度

　布地は加熱されると，速く変化しやすくなります。ナイロンなどの化学繊維は，水分を与えても変化しないので，加熱方法で変化させることができます。なお，熱と水分を両方与えることで，さらなる効果を期待できます。この場合，水分を早く取り除き，乾燥させてアイロン処理を終わらせることが大切です。

(2) 湿度

　布地は水分を与えると，やわらかくなり変化しやすくなります。逆に，乾いていると変化しにくい。アイロン作業は，生地に水分を与え，適当なときに水分を取り除くこと（バキュームで引く）で安定します。

(3) 圧力

　布地は圧力を加えると，変化しやすくなります。ただし，過度な圧力をかけすぎると，生地が傷むので注意が必要です。

　アイロン作業は，次のように行うことによってその効果を発揮します。

① 水分を吸収させる（スチーミング）
② 熱を加える（ヒーティング）
③ 圧力を加える（プレッシング）
④ 水分を取り除く（クーリング）

2. アイロン作業の構成

　アイロン作業には，アイロンとバキューム台を準備する必要があります。バキューム台とは，吸引機能を持つアイロン台のことをいいます。アイロン作業は次の2つから成ります。

　第1作業：アイロン加工処理（割り，折り，押え，返しなど）
　第2作業：生地の安定処理

　この2つの作業は，先に述べた①温度，②湿度，③圧力という3つの条件を加えることによって処理されます。処理後，温度と湿度をすばやく元の状態に戻すために，バ

キューミング（吸引）を行います。この作業を一層効果的に行うために，バキューム台を使用します。

3．アイロンの種類
(1) 主な種類（表2-5-1，図2-5-1参照）

表2-5-1　アイロンの種類

種類	熱源	加湿法	備考
蒸気アイロン	蒸気	蒸気	・ボイラーが必要，限定素材に適する
電蒸アイロン	電気・蒸気	蒸気	・一般的な工業用アイロン ・いろいろな生地に合う

(a) 蒸気アイロン（HSL-620）　　(b) 電気蒸気アイロン（AHS-400(J)）

図2-5-1　アイロン（写真提供：直本工業株式会社）

(2) アイロンの形
① 標準型：押え，くせ取り，返しアイロン処理に適します。
② 角型：割り，折りアイロン処理に適します。
(3) バキューム台（図2-5-2参照）
① 平台が標準型で多様なアイロン処理に使われます。
② 割馬台は割りアイロン専用，万能馬台は一般に平台と組み合わせて使用します。
③ 極薄生地や繊細な生地のアイロン処理には，吸引と吹上の機能を持ったバキューム台を使用します。

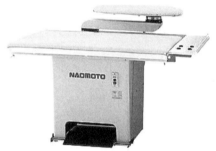

図 2-5-2　バキューム台（万能馬台）（FB-120）
（写真提供：直本工業株式会社）

4. アイロンの温度

アイロンの適温は，繊維素材の種類によって異なります（表2-5-2参照）。

表2-5-2　アイロンの温度

温度	アイロンに水滴を落としたときの状態	天然繊維	化学繊維
100℃以下	ぬらす程度	不適	不適
120℃前後	水たまりができ，しばらくするとそのまま消える	適正	ビニロン アセテート
130℃前後	水滴が大きくなったり，小さくなったりする	絹（シルク）	ナイロン ポリエステル
140℃前後	大きくあわ立ち，細かな水滴がまわりに飛ぶ	羊毛（ウール）	アクリル レーヨン キュプラ
150〜160℃	水滴が次第に大きくなり，まわりに飛び散る		
170〜180℃	パチッと音がして，水滴が激しく，細かく，まわりに飛び散る	綿（コットン）	不適
190〜200℃	パッと音がして，水滴が瞬時に消える	麻（リネン）	不適

＜アイロン作業の注意点＞

① あて布を使うと当たりや照かりを防げます。その場合20℃程度温度を高くします。

② 混紡の生地の場合は，混じっている繊維のうち，耐熱性の低い温度で対応します。

③ 200℃以上は総ての繊維に不適です。

5．アイロン使用上の注意と手入れ

　アイロン作業で生ずる生地や伸び止めテープ糊などの溶けによって，アイロンが汚れます。また，蒸気アイロンの場合，アイロンが冷えたときにスチームが液体化し，生地を汚す場合もあります。したがって，アイロンを使うときは次の点に留意する必要があります。

① 　アイロンの汚れをシリコンなどできれいにします。
② 　アイロンの蒸気口が目詰まりしないように掃除します。
③ 　使い終わったら電源スイッチを OFF にします。
④ 　特に，アイロンの取扱いは，十分注意することが大切です。

6．バキューム台使用上の注意と手入れ

① 　バキューム台の上を絶えずきれいに掃除します。
② 　バキューム台を絶えず乾燥させます。
③ 　バキューム台の上の作業仕掛り品の整理をします。

第6節　ミシン

1．ミシンの分類

工業用ミシンは，縫い目形式，縫い方，用途などによって分類されます。

（1）　縫い目形式（Stitch Type）

ミシンの縫い目形式には，次の3つがあります（表2-6-1参照）。

① 本縫い：上糸下糸を釜でからめた縫い目（Lock Stitch）です。

② 環縫い：上糸下糸をルーパーによって連鎖状にからめた縫い目（Chain Stitch）です。単環縫いと二重環縫いの2種類があります。

③ 手縫い：針の根元にある針穴に糸を通して，布を貫通させて縫い進む縫い目（Hand Stitch）です。

表2-6-1　縫い目形式

本縫い（Lock Stitch）		
環縫い（Chain Stitch）	単環縫い	
	二重環縫い	
手縫い（Hand Stitch）		

(2) **本縫いミシン（図 2-6-1 参照）**

　　本縫いミシンは，針先の穴を通した上糸が上下運動し，下糸が釜（ボビン）の回転運動によって上下糸を交差させる仕組みになっています。

　　本縫いミシンの送り機構には，次の5つがあります。生地や素材によって最適な送りが決まります。

① 　標準下送り：送り歯と上押え金の圧力で布地を送る機構
② 　差動送り：送り量を調節できるので，縮め縫いや伸ばし縫いができる機構
③ 　針送り：針が布地を刺した状態で送る機構
④ 　上下送り：下送り歯と上押え金で布地をはさむように送る機構
⑤ 　総合送り：上記①②③3つの送り機構すべてそろっている機構

　　婦人子供服では，主に①と②が使われます。なお，この送り機構を補助するために，先引きローラーや上下ホイール（車）に生地を挟んで調整する場合があります。

図 2-6-1　本縫いミシン（NEXIO S-7300A）（写真提供：ブラザー工業株式会社）

(3) ミシンの関係部分

① ミシン・ベット

平ベット，筒型ベット，柱型ベット

② メス付き機構

縫い代同時カットミシン，段差カット，縫い代切込み

③ 押え金

ミシン作業の中で重要な布送りと工程内容を補助する部分です。金属とテフロン樹脂でできているものがあります。次のような種類があります。（図2-6-2参照）

(a) 自由標準押え金

(b) 爪付き固定押え金

(c) 段付き押え金

(d) 三つ巻押え金

(e) ファスナー押え金

(f) 片押え金

(g) ギャザー押え金

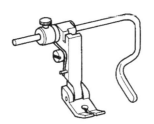
(h) ステッチ定規付き押え金

(i) リング押え金

図 2-6-2　押え金

(4) 環縫いミシン（**図 2-6-3 参照**）

環縫いミシンとは，針先の穴に通した上糸が上下運動し，その糸をルーパーが編状にからみ合わせる仕組みのミシンです（図 2-6-3 参照）。次の2種類があります。

① 一本針二重環縫いミシン
② 一本針単糸環縫いミシン

このミシンは，下糸を交換する必要がないのが利点です。また縫い目が伸び縮みするので，ストレッチ素材に適しています。しかし，糸が切れると縫い目が一気にほつれる欠点もあります。

図 2-6-3　環縫いミシン（NH481-5）
（写真提供 ： JUKI 株式会社）

(5) 特殊ミシンと自動機

特殊ミシンと自動機には様々な種類があります。ここでは婦人子供服製造でよく使われるものを表2-6-2，図2-6-4，図2-6-5に紹介します。

表2-6-2 特殊ミシンと自動機

	区分名	機種名	機種説明
技能を要する特殊ミシン	二重環縫い	二重環縫いミシン	上下糸がルーパーで編状に縫うミシン
	千鳥縫い	ジグザグミシン	機械的に連続してちどり型に縫うミシン
	縁かがり縫い	オーバーロック	布地端を上下左右に糸が移動交差してルーパーで縁をかがるミシン
	安全縫い	インターロック	縁かがりの縫線に沿って，合わせ縫いが同時にできるミシン
	スクイ縫い	スクイミシン	縫い目が表面から見えないように生地の間をすくって縫うスクイミシン，奥まつり，からげミシン
	刺繍縫い	刺繍ミシン	手動又は自動で自在に模様を描くことができるミシン
	復列縫い	平二本針ミシン	2つ以上並列に縫えるミシン
	扁平縫い	両面飾りミシン	上糸3本以上を使い，内1本を渡縫いし，ほつれ防止やロック縫いのカブセ縫いをするミシン
サイクル特殊ミシン	ボタン付け	ボタン付けミシン	ボタン（スナップ，前カンを含む）を適正な位置に保ち1サイクル毎に縫うミシン
	ボタン穴	穴かがりミシン	ボタン穴の穴開けとその周縁を糸でかがり機械的に1サイクル毎に縫うミシン 鳩目穴かがり，眠り穴かがりミシン
	閂止め	閂ミシン	縫合した箇所に補強の目的で止め縫いを，縦横に返し縫いを1サイクル毎に縫うミシン 大閂，穴閂，線閂の各ミシン
	鳩目	鳩目穴ミシン	八方縫いともいい，針棒を円の中心として1サイクル毎に縫うミシン
汎用及び専用自動機	サージング	サージング	自動駆動，停止，後揃え（スタッカー）装置を付けたオーバーロック・ミシン
	エッジ・シーマー	エッジ・シーマー	サージングと同じ機能を持った装置に，自動縫い代揃えの装置が付いた汎用自動本縫いミシン
	パターン・シーマー	パターン・シーマー	いろいろな形状（型版又は電子模様設定）の補助機能が付いた模様縫いミシン
	玉縁自動機	ポケットウエルト・シーマー	玉縁ポケット専用の口布を付け，口切りし，口布を返して後揃えするミシン
	自動ファスナー付け	自動ファスナー付け	スカートやポケット口に付ける平ファスナーの自動機
	自動ベルト付け	オート・ベルター	ベルト通しカット及び上下ベルト通し付けを自動で行うミシン
	自動裾引き	自動裾引き	袖口，裾引き作業を自動で行うミシン

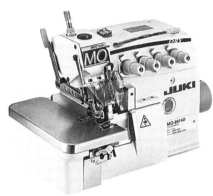
(a) ロックミシン（MO-6814D）

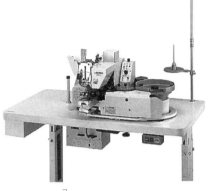
(b) ボタン付けミシン（MB-1800A／BR10）

(c) 穴かがりミシン（LBH-1790ANB）

(d) 閂ミシン（LK-1900BNB）

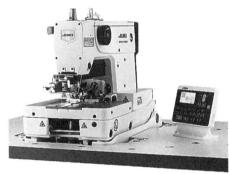
(e) 鳩目穴ミシン（MEB-3900 シリーズ）

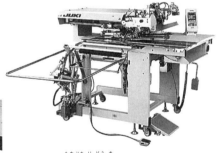
(f) 玉縁自動機（APW-895N）

図 2-6-4　特殊ミシンと自動機（写真提供：JUKI 株式会社）

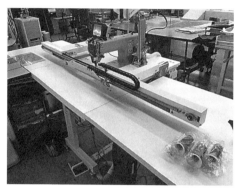

パターンシーマー1

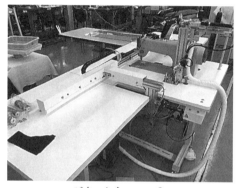

パターンシーマー2

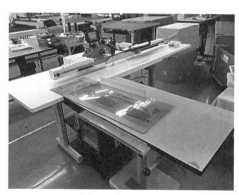

パターンシーマー3

※ パターンシーマーは，プラスチック製のパターン
ゲージ（型版）を使用する事で自動でセットされ縫
製できます。新入社員でも正確なパーツ（部分）が
縫製でき，不良発生も少ない。

図 2-6-5　パターンシーマー
（写真提供：株式会社マイナック）

第7節　縫い糸とミシン針

1．縫い糸

　縫い糸は布地を継ぎ合わせる（地縫い）ほか，刺繍やステッチ（飾り縫い）のように飾りとして使用されます。縫い糸に求められる機能は次の通りです。

① 強度：縫い目が強いこと
② 収縮性：縮まないこと
③ 着色性：変色したり汚れないこと
④ 可縫性：縫いやすいこと

(1)　種類

　縫い糸の種類は次の通りです。

① **綿カタン糸**

　3本程度の綿の糸をよって防水，防縮加工を施します。

② **ポリエステル縫い糸**

　何本かの長繊維を撚った糸です。合成繊維糸のほとんどがこれです。熱に強いため，針熱で糸が弱くなりにくい。絹に似て光沢があります。

③ **ナイロン縫い糸**

　よく伸びます。しかし，熱に弱いため，高速縫製には向きません。ニット衣料などによく使われます。

④ **ポリエステル・スパン縫い糸**

　ポリエステルの短繊維をよって作った糸です。見た目が綿カタン糸に似ています。きれいで縫いやすい。丈夫で熱にも強い特徴があります。

(2)　太さ

　縫い糸の太さの表示は，JIS（Japanese Industrial Standards：日本産業規格）で決められています。太さは「番手」で表されます。番手が大きくなるにつれ，糸は細くなります。衣服の厚さによって，だいたいの番手が決まってきます。

① 厚手の衣服：40〜50番
② 中厚の衣服：50〜60番
③ 薄手の衣服：80〜100番

2．ミシン針

　代表的なミシン針のメーカーとして次の3社があります。

① オルガン針……日本のメーカーの針

② シュメッツ針……ドイツのメーカーの針

③ ユニオン針……アメリカのメーカーの針

　ミシン針のサイズは，各社が独自の「番数」で表しています。番数が大きくなるにつれ，サイズも大きくなります。

3．針先の種類

　針先の種類は，大きく次の2種類に区分されます（図2-7-1参照）。

① ラウンド・ポイント

　標準的な針です。小さな力で抵抗なく布地を貫通できるよう，先が鋭くなっています。

② ボール・ポイント

　編物生地など，鋭利な針先では地糸切れを起こすような場合に用います。針先が丸みを帯びています。

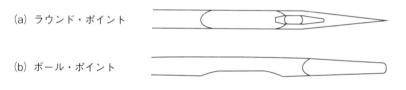

(a) ラウンド・ポイント

(b) ボール・ポイント

図2-7-1　針先の種類

4．縫い糸とミシン針の適応

　布地の厚さや組織（織物，編物）によって針と縫い糸の適合性を合わせる必要があります。不適当な組合せの場合，縫製時に糸が切れたり目飛びが起きたり布地を傷めたりすることがあります。

　縫い糸とミシン針の組合せを表2-7-1に示します。

表 2-7-1　縫い糸とミシン針の組合せ（参考：オルガン針株式会社カタログ）

区分	生地厚	針番数 (オルガン針表示)	スパン糸	フィラメント糸	適合生地
例外	極薄物	5～8番	100番手	100番手	化繊, シフォンジョーゼット, サテン
一般	薄物	9～10番	80番手	60～80番手	ジョーゼット, デシン, 綿薄地
一般	中厚 標準	11～12番	60番手	50～60番手	薄物ブロード, 薄物ウール, ポプリン
一般	厚物	13～14番	40～50番手	50番手	一般ブロード, 毛織物
特殊	袋物	18～19番	20～30番手	10～30番手	ビニール含む
特殊	皮革	20～21番	10番手	8～10番手	テント地
特殊	極厚	23～24番	8番手	8番手	飾り糸に使用する

※スパン糸：短繊維糸　フィラメント糸：長繊維糸

5．ミシンの取扱い

（1）作業開始前に行うこと

　　縫製工場では，始業開始の合図があったらすぐに作業ができるようにします。そのために，ミシン作業者は始業の合図がある前に，次の要領で，ミシンの適正な状況を確認しておきます。

① 前日押え金にはさんでおいたティッシュ（または布）をはずし，油漏れなどの異常がないか点検します。

② ボビン・ケースをはずし下糸の量と張力を確認します。ボビンケースにゴミが溜まっている場合が多く，常に掃除をしてボビンケースが，何時も適度に空回りを防ぐためのばねが作動できるか点検します。

③ 上糸の糸巻きから糸を通します。

④ ミシンのスイッチを ON にし，試し縫いをします。

⑤ 縫い目の糸調子を点検し，上下糸のテンション・バランスを調整します。
　　本縫いは上糸と下糸の張力によって針目が変わるので生地の厚み，素材の柔らかさ等によって毎回調整する必要があります。

⑥ 直線縫いと曲線縫いを急発進で行い，縫い目を再度点検します。

⑦　その日の作業全般を確認します。

⑧　作業に使用する工具備品の確認を行い，始業の合図を待ちます。

(2) 作業終了時に行うこと

　　一日の作業が終了したら，必ずミシンの掃除と点検を行うようにします。また，一週間に一度ぐらいは最低下記のような手順で掃除点検をする事を心がけます。

①　ミシンのスイッチを OFF にします。

②　針棒から針をはずします。

③　押え棒から押え金をはずします。

④　ミシン・ベットから針板止めネジをはずします。

⑤　取り外した針板の裏面と送り歯を掃除します。

⑥　ミシン頭部を倒し，中ガマの内側と外ガマの周りを掃除します。

⑦　オイル・パンのオイル量を確認します(最近のミシンは無給油のミシンも出回っています)。

⑧　オイル・パンに入っている糸くずなどを取り除きます。

⑨　ミシン頭部を元に戻し，針板，針板止めネジ，押え金を取り付けます。

⑩　針をミシン・ベットの上で回転させ，針先に異常がないかチェックします。

⑪　針を付け，針穴，針落ちの状態と押え金を点検し，ティッシュ（又は布）を押え金の下にはさみます。

⑫　ミシンのテーブルと頭部を掃除します。

⑬　作業場の環境整備（床の掃除，仕掛り品の整理，工具備品の確認など）をします。

(3) ミシン・トラブルへの対応

　　ミシン作業中に起こるトラブルの一例とその対処方法は表2-7-2の通りです。

表 2-7-2　ミシン・トラブルの対処方法

トラブル現象	自己点検
モーターが停止した	① 停電してないか　② ソケットが外れていないか ③ ヒューズが切れていないか　④ コードが切れていないか
ミシンが回らない	① 部品が壊れていないか ② カマに糸くずが入っていないか ③ ベルトの張りが不足していないか
布地を送らない	① 送り歯が十分でているか　② 押え金が浮いていないか ③ 送り歯が摩耗していないか
布がまっすぐに進まない	① 押え金が均等に布を押さえているか ② 送り歯が水平になっているか
返し縫いができない	① バック・タック・スイッチが ON になっているか ② 針数がセットされているか
縫いの途中で上糸が切れる	① 釜の位置が狂っていないか　② 針位置は正しいか ③ 針が曲がっていないか　④ 針板，針穴は正常か ⑤ 糸調子は強過ぎないか　⑥ 上糸の糸道に傷はないか ⑦ 糸の太さにムラはないか　⑧ 上糸がもつれていないか
下糸が切れる	① 下糸調子が強すぎないか ② 糸の不良はないか ③ ボビンケースの糸道に傷はないか ④ 糸を巻き過ぎていないか ⑤ ボビンがまわるか
針折れの発生	① 針板が正しく付いているか　② 針棒はまっすぐか ③ 釜と針の関係は正しいか　④ 押えの位置は正しいか ⑤ 送りのタイミングがずれていないか
目飛びの発生	① 針が布地に合っているか　② 針が曲がっていないか ③ 釜の針先位置は正しいか　④ 針の先端が折れていないか ⑤ ムラのある糸を使っていないか
縫い縮みの発生 （パッカリング）	① 上下糸調子が強過ぎないか ② 針の先端が折れていないか ③ 天秤，針棒，送り，釜のタイミングは合っているか ④ 押えの圧力は強過ぎないか
ミシンの回転音が急に高くなった	① 床が安定しているか　② ネジ類がゆるんでいないか ③ 油が足りているか ④ 運動部分にゴミが付いていないか

第8節 品質表示

1. なぜ品質表示が変わったか
　JISの新しい「取扱い表示記号」は国際規格（ISO3758）のケアラベルと同じ記号を用いています。国内外で表示を統一することによって，お客様が衣類を購入する際の利便性が高まります。

　また，洗濯で使用する洗濯機や洗剤類は多様化し，商業クリーニングの技術も進歩しているなかで，それに適合した新しい記号で表示する必要があるからです。

2. 施行スケジュール
　2016年12月1日から施行しました（告示2015年3月31日）。

　2016年11月30日以前に旧表示で表示したものは販売可能です。

3. 取扱い表示のポイント
・新しい表示記号は「洗濯」，「漂白」，「アイロン仕上げ」，「商業クリーニング」の順に並んでいます。

・従来の表示記号から「家庭でのタンブル乾燥」と「商業クリーニング（ウェットクリーニング）」が増えています。

・表示記号は省略できますが，省略した場合はその表示記号が意味する処理方法が全て可能となります。

・文字でなく記号と数字で「強さ」や「温度」，「禁止」を表現し，日本語が読めなくても内容がわかるように世界共通になっています。

4. 新しい洗濯表示（2016年12月1日から）
(参考：消費者庁　家庭用品品質表示法　記号一覧)

(1) 洗濯のしかた

95	液温は95℃を限度とし，洗濯機で洗濯ができる
70	液温は70℃を限度とし，洗濯機で洗濯ができる
60	液温は60℃を限度とし，洗濯機で洗濯ができる
60	液温は60℃を限度とし，洗濯機で弱い洗濯ができる
50	液温は50℃を限度とし，洗濯機で洗濯ができる
50	液温は50℃を限度とし，洗濯機で弱い洗濯ができる
40	液温は40℃を限度とし，洗濯機で洗濯ができる
40	液温は40℃を限度とし，洗濯機で弱い洗濯ができる
40	液温は40℃を限度とし，洗濯機で非常に弱い洗濯ができる
30	液温は30℃を限度とし，洗濯機で洗濯ができる
30	液温は30℃を限度とし，洗濯機で弱い洗濯ができる
30	液温は30℃を限度とし，洗濯機で非常に弱い洗濯ができる
手洗	液温は40℃を限度とし，手洗いができる
✕	家庭での洗濯禁止

(2) 漂白のしかた

△	塩素系及び酸素系の漂白剤を使用して漂白できる
△（斜線）	酸素系漂白剤を使用できるが，塩素系漂白剤は使用禁止
△（×）	塩素系及び酸素系漂白剤の使用禁止

(3) 乾燥のしかた

① タンブル乾燥

⊡（2点）	タンブル乾燥ができる（排気温度上限80℃）
⊙（1点）	低い温度でのタンブル乾燥ができる（排気温度上限60℃）
⊠	タンブル乾燥禁止

② 自然乾燥

□｜	つり干しが良い
□／｜	日陰のつり干しが良い
□‖	ぬれつり干しが良い※
□／‖	日陰のぬれつり干しが良い※
□—	平干しが良い
□／—	日陰の平干しが良い
□=	ぬれ平干しが良い※
□／=	日陰のぬれ平干しが良い※

※「ぬれつり干し」・「ぬれ平干し」とは，洗濯機での脱水や，手で捻って絞らないで干すこと。

⑷ アイロンのかけかた

アイロン(●●●)	底面温度200℃を限度としてアイロン仕上げができる
アイロン(●●)	底面温度150℃を限度としてアイロン仕上げができる
アイロン(●)	底面温度110℃を限度として，スチームなしで，アイロン仕上げができる
アイロン(×)	アイロン仕上げ禁止

⑸ クリーニングの種類

① ドライクリーニング

Ⓟ	パークロロエチレン及び石油系溶剤によるドライクリーニングができる
Ⓟ（下線）	パークロロエチレン及び石油系溶剤による弱いドライクリーニングができる
Ⓕ	石油系溶剤によるドライクリーニングができる
Ⓕ（下線）	石油系溶剤による弱いドライクリーニングができる
⊗	ドライクリーニング禁止

② ウエットクリーニング※

Ⓦ	ウエットクリーニングができる
Ⓦ（下線）	弱い操作によるウエットクリーニングができる
Ⓦ（二重下線）	非常に弱い操作によるウエットクリーニングができる
Ⓦ（×）	ウエットクリーニング禁止

※ウエットクリーニングとは，クリーニング業者が特殊な技術で行う水洗いから仕上げまでの洗濯処理です。

— 75 —

5．洗濯表示記号の対比（参考：消費者庁　家庭用品品質表示法　記号一覧）

2016年11月30日までの 洗濯表示記号（旧）	2016年12月1日からの 洗濯表示記号（新）
洗濯のしかた 	**洗濯の記号** 家庭洗濯（洗濯機洗い）ができる 記号の中の数字は洗濯液の上限温度を表す 「－」は「線なし」よりも弱く，「＝」はさらに弱い 洗濯液の温度が40℃を限度とした手洗いができる 家庭洗濯（洗濯機洗い）はできない
漂白のしかた 	**漂白の記号** 塩素系及び酸素系漂白剤が使える 酸素系漂白剤のみが使える 漂白剤が使えない
絞りかた 	**脱水の記号** 対応する記号なし 「ヨワク」は，洗濯表示記号にはなく，必要に応じて「弱く絞る」などの付記用語で表示される 「　」は，自然乾燥の記号における「ぬれ干し」の記号にその意味を含んでいる

乾燥のしかた	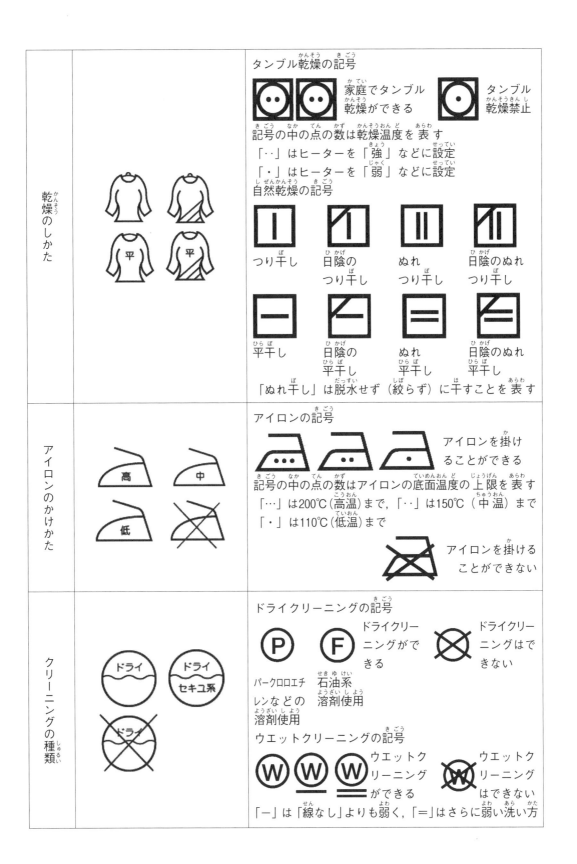	**タンブル乾燥の記号** 家庭でタンブル乾燥ができる タンブル乾燥禁止 記号の中の点の数は乾燥温度を表す 「‥」はヒーターを「強」などに設定 「・」はヒーターを「弱」などに設定 **自然乾燥の記号** つり干し 日陰のつり干し ぬれつり干し 日陰のぬれつり干し 平干し 日陰の平干し ぬれ平干し 日陰のぬれ平干し 「ぬれ干し」は脱水せず（絞らず）に干すことを表す
アイロンのかけかた		**アイロンの記号** アイロンを掛けることができる 記号の中の点の数はアイロンの底面温度の上限を表す 「…」は200℃（高温）まで，「‥」は150℃（中温）まで 「・」は110℃（低温）まで アイロンを掛けることができない
クリーニングの種類		**ドライクリーニングの記号** ドライクリーニングができる ドライクリーニングはできない パークロロエチレンなどの溶剤使用 石油系溶剤使用 **ウエットクリーニングの記号** ウエットクリーニングができる ウエットクリーニングはできない 「―」は「線なし」よりも弱く，「＝」はさらに弱い洗い方

平成28年12月から洗濯表示が変わります！

日本だけで使われていた洗濯表示を
海外と同じものにしました。

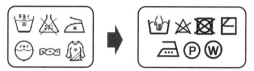

 新しい洗濯表示のよい点はなんでしょうか？

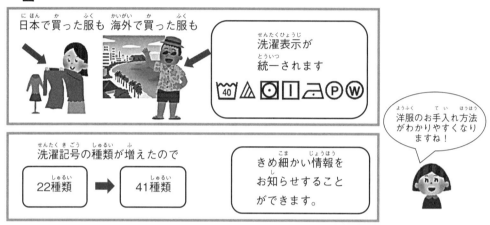

日本で買った服も 海外で買った服も

洗濯表示が
統一されます

洗濯記号の種類が増えたので

22種類 ➡ 41種類

きめ細かい情報を
お知らせすること
ができます。

洋服のお手入れ方法
がわかりやすくなり
ますね！

Tシャツを買う→着る→次に着るまで，Tシャツのようすを考えて
みましょう。それぞれどんなことに気をつけたらいいでしょうか？

図 2-7-2　家庭用品品質表示法　記号一覧　新しい洗濯表示　説明資料　子供向け
（転載元：消費者庁）

新しい洗濯表示は【5つの基本記号】と【温度や強さなどを表す記号】【数字】（付加記号）で表します。

5つの基本記号

洗濯	漂白	乾燥	アイロン	クリーニング

家庭での洗い方	汚れやシミを落とす 漂白剤の種類	・家庭で乾燥機が 使えるか ・干し方	アイロンのかけ方	クリーニング方法

温度や強さなど表す記号（付加記号）

強さ　　線なし　ー　＝
　　　ふつう　弱い　非常に弱い
　　　強さ ←→ 弱い

温度　　●　　●●●
　　　低い ←→ 高い

線は多い方が弱い
点は多い方が高い
と覚えましょう

禁止　　×

数字　95／70／60／50／40／30
　　　表示の数字より低い温度で洗います

図 2-7-3　家庭用品品質表示法　新しい洗濯表示　説明資料　子供向け　記号一覧
（転載元：消費者庁）

第2章　確認問題

1. 原反は入荷時のまま裁断しないと不良が出やすい。

2. クイックレスポンス（QR）生産では，手持ち仕掛数を可能な限り少なくする必要があります。

3. アイロン作業では黒もしくは濃色の素材は，ほこり等がついて目立つので当て布はしない方があたりは出ない。

4. 環縫いミシンはストレッチ素材には適しているが糸が切れると縫い目が一気にほつれてしまいます。

5. 編物生地はボールポイント針を使った方が良いです。

6. 検針は縫製現場の針管理だけで充分です。

7. 品質検査は10枚に1枚ぐらいの抜き取りで行います。

8. 工程分析表は悪い所があれば変更できます。

9. ミシンの糸調子は素材ごとに変わるのでその都度調整が必要です。

10. 新しい洗濯表示は文字を入れず記号と数字でのみで表記されています。

第2章　確認問題の解答と解説

（解答）　　（解説）

1. （×）　入荷時は生地が巻かれた状態で入荷するので（ひずみ）を緩和しなければいけません。

2. （○）　QR生産は一人の持ち枚数を少なくしないと（仕掛り数）ライン内にたまりができ，早く納品できません。

3. （×）　濃色の素材は「あたり」，「てかり」が出やすいので通常は当て布をしてアイロンを直接生地に当てない方が良いです。

4. （○）　本縫いの場合は上糸と下糸がありそれをからめて縫製するので，縫い糸が切れてほつれにくいが，環縫いの場合は上糸だけでループ状に縫っているので糸が切れたらすぐにほつれてしまいます。

5. （○）　ボールポイントは刃先が丸くなっているので生地の地糸切れを起こしにくいので編物生地には適しています。

6. （×）　最終出荷時は異物混入の恐れもあり折れ針管理だけでは不十分です。最終検針器に通して検針反応が無い物のみ出荷します。

7. （×）　全数検査が必要です。抜き取り検査でもよいのは納品前に出荷するサンプルの事であり，サンプルは全数検査が終わろうとした物の中から最終確認のために送るものです。

8. （○）　工程分析については最初に行う作業であり，工程間の仕掛り等改善する所があれば作り直して工程がスムーズに流れるように随時変更してかまいません。

9. （○）　本縫いは上糸と下糸の張力によって針目が変わるので，生地の厚み，素材の柔らかさ等によって毎回調整する必要があります。

10. （○）　従来は日本語の表記がありましたが，2016年からは記号のみの表記になりました。

第3章　製造の品質管理

第1節　品質管理の目的と内容（6つの品質）

1．品質管理の目的

　　得意先（発注者）や消費者に欠陥商品を渡すようなことがないように，製造する製品や工程を管理するのが品質管理の目的です。縫製現場では，得意先の縫製仕様・指示を守り，不良製品を発生させないよう全員で心掛けなければなりません。

2．品質管理の内容（6つの品質）

　　電気製品や精密機械は，使用をするうえでの性能が満たされれば合格です。アパレル製品は，一般の工業製品と違って使用する生地（材料）の種類，デザインの種類が多いという特徴があるため，独特な性格をもっています。

　　そこで求められる品質項目は6つありますが，製品を規格通りに作る設定性と，見て美しいかの優美性（ファッション性）が特に重視されます。

　　下記の6項目が，アパレル製品に求められる品質の項目と内容になります。

① 設定性　製品の規格，仕様，寸法などが設定どおりに仕上がっているか
② 優美性　製品が見た目に優美（デザイン性）に仕上がっているか
③ 機能性　着やすさにばらつきないか
④ 安定性　製品（色・サイズ）ごとに，ばらつきがないか
⑤ 安全性　PL法関連（製造物責任法）：針，異物などの混合がないか
⑥ 堅牢性　消費条件（着用頻度）を満たして丈夫にできているか

　　上記の項目はいずれも，手を抜くことができない重要な品質管理の項目になる。

　　縫製企業では，一般的に分業化され，単能工が集まってグループを構成してライン生産する方式を取っています。実習生は基本の縫製工程を受け持つことが多く，正確な縫製作業が常に求められます。

第2節　検査の方法と内容

1．検査の方法
(1)　外観検査
　アパレル製品の検査では，人間の目で材料・部品・製品を確認して良否判定を行う検査方法です。製品の傷，汚れ，異物など外観上の欠陥を検出することを目的にした検査で，その検査方法には3つあります。
① 平面検査：台の上に置いて平面で検査する方法（目で見る目視検査と手でさわって確認する触覚検査）
　a．素材の状態　柄まがり，織り傷，織しわ，織り段，色むら，色違い（パーツによる色違い）など
　b．プレスの状態　むら，しわ，あたり，てかり，しみ，プレス操作の甘さ　など
　c．管理の状態　汚れ，ほつれ，傷，しみ，目切れ　など
　d．縫製の状態　曲がり，つれ，なじみ不良，座り不良，左右形態違い，泳ぎ，ねじれ　など
　e．まとめ状態　つれ，ナシ，取れ，ひびき，目飛び　など
　f．異物混入状態　まち針，小バサミ，ミシン針，カッター，おもちゃ　など
② 人台検査：人台（トルソ又はボディ）に着せて立体的に検査をする方法（ボディ検査）
　a．全体のバランス，シルエット（着たときの輪郭）の状態
　b．素材の風合いの変化
　c．柄合せの状態
　e．生地特性変化の有無
　f．デザイン・仕様の完成度
③ ハンガー検査：ハンガーに着せて検査する方法
　a．ハンガー掛けの状態での外観検査（売られている状態と同じにして）
　b．ハンガー納品時の適正ハンガー種類の判断評価
　c．異物混入の有無（手で触って触診検査及びハンディ検針での異物混入検査）
(2)　その他の検査
　① 着用検査：着用して，着やすさなどを検査する方法
　② 仕様・指示内容を確認しての検査：縫製仕様書，縫製指示書の内容が正確に指示通りに製品が仕上がっているかを調べる検査

③　検針器検査：加工に使用したマトメ縫い針，ミシン針，はさみなどの金属がまちがって製品のどこかに潜んでいないかどうかを，検針機器を使って調べる検査
④　洗濯検査：消費者が実際に洗濯をしたときに問題がないかを調べる検査
⑤　破壊検査：接着芯の不良や，検針器で金属の混入があると分かったときに製品をほどき解体して調べる検査

２．抜取り検査と全数検査（不良品発見をする検査のやりかた）

　一般的に，材料及び半製品の受入検査，ミシン・アイロン工程内の検査及び製品出荷前の検査の３段階の検査工程を通じて不良品が検出されます。この検査で，表3-2-1の「抜取り検査」，又は「全数検査」のいずれの検査方法を実施するかは，不良品発生の状態などで判断することが重要になります。

表 3-2-1　検査方法と内容

検査方法	検査種類と内容	備考
抜取り検査	製造ロットから製品を抜き取って，その結果を品質（検査）判定基準に照合して合否を判定する検査です。 　検査費用と時間が少なくて済み経済的です。 ①　不良個数による抜取り検査 ②　欠点数による抜取り検査 ③　調整型抜取り検査 　調整型抜取り検査においてはまず合格品質水準（AQL：Acceptance Quality Limit）を設定します。 ④　巡回抜取り検査による早期処置	受入検査 工程検査 JIS　Z9015：AQL指標型抜取検査方式
全数検査	全数検査は，製造ロットの全数についてその製品の１つ一つを検査基準で判定する検査です。 ①　前工程の品質が低くバラツキがある場合 ②　工程ごとの不良選別と改善 ③　発注側（アパレル毎）の検査基準による選別 ④　製造品の品質保証	工程検査 出荷検査

第3節　製品の検査ポイント（検査項目と不良欠点状態）

1．製品の検査項目と内容

製品の一般的な検査項目と検査内容を表 3-3-1 に記します。

表 3-3-1　製品の検査ポイント一覧表

検査項目	検査内容
素材生地検査	① 織キズ，織ムラ，異糸混入，色ムラ，色違い，汚れはないか ② 生地の表裏，毛足（毛並み）の方向，柄・プリントの柄合せ，地の目などに間違いないか
生地取扱い検査	① 裁断時の地の目通しが出来ているか ② 生地の織の経糸・横糸が安定しているか ③ 縫製時のミシン・アイロン作業処理で伸び，縮みはないか
外観検査	① 身頃，衿，袖，パーツなどそれぞれが左右対称であるか ② 各部位ごとに変形していないか ③ 裏地，芯地に，たるみ・つれがないか ④ 縫目の曲がり，各シームにパッカリング，縫い目とび，縫い調子，糸切れ，地糸切れ，縫いつれがないか ⑤ 縫い代始末が正しく処理されているか（切り込み，アイロン処理） ⑥ 後ろ中心，脇などの継ぎ合せは適切か（柄，シルエットの合印） ⑦ 全体として美しいシルエットに仕上がっているか
サイズ検査	① 仕様書などの指示サイズと製品の実寸に間違いはないか ② 各サイズ別の製品実寸が検査基準の許容範囲に収まっているか
マトメ検査	① 穴かがり，ボタン付け位置，その他の装飾品の付け位置が正しいか ② ボタン，ホックなどの付属の付け位置に問題はないか ③ 糸くず，残糸，縫い代始末，しつけ糸が適切に処理されているか ④ 表示ネーム（ブランド・サイズ・品質表示）の付忘れがないか ⑤ 表示ネームと製品サイズが合致しているか ⑥ 補正布，スペアボタンは指定通りに入っているか
仕上げ検査	① アイロン処理の当たり，しわなどが残っていないか ② 正しく仕上処理しているか，外観上きれいに仕上がっているか
異物混入検査	① 製品内に縫い・マトメ針，折れ針などの異物が混入していないか
その他検査	① 設定通りの組合せ，装飾品など正しく製品についているか

2. 製品検査不良 の欠点と欠点 状態

製品の一般的な検査不良 欠点の名 称 と欠点 状態を 表3-3-2 に記します。

表3-3-2　検査不良 欠点と欠点 状態

【原糸・織編・染色 整理関係】

欠点名 称	欠点の状 態
異臭 （悪臭）	薬剤臭・キャリアー残臭・精錬残臭・かび臭 などで不快なもの
糸ふし	織・編生地の中で目立つもの，またはそれらが原因で 生じた傷
糸むら	編生地面の目立つむらとして 現れたもの
織・編のきず	生地糸が組織ミスされるか，あるいは糸切れするなどで 生じた穴または破れ
織・編の段・筋 織・編のむら	織・編生地の縦または横方向に 現れた段, 筋 状の欠点, 織・編生地面に現われた部分，または全体的なむら・目寄れ・よろけなど
生地強度不足	生地強度が弱く，容易に破れるもの
刺しゅう不良	引きつれ，柄くずれ，刺しゅう糸のくいつきなどのあるもの。引っ張ると容易に刺しゅうがくずれるもの
斜行	地の目・縞が斜めに走るか曲がったもの。製品のすそ線またはわき線のねじれ・曲がりなどで 現れたもの
縮絨・起毛不良	加工上がりの風合い・光沢・寸法などのバラツキ，または不良
伸縮性不良	所定寸法まで伸びない，伸び過ぎる，伸びが戻らない，伸張で容易に破れるもの
染色整理不良	染色整理工程で 生じた色むら・部分的濃淡・マーク（折れじわ）, きず, しみ，汚れなど
組織くずれ	柄や縞の乱れ，またはそのリピートの不整のもの（裏糸が表に 現れて見苦しいもの，浮糸不良，浮糸が長過ぎて引っ掛かるもの）
中希	染めむらの一種で，布の中央部と両耳部分に色の差がでること
プリント（捺染）不良	色柄ずれ，色泣き，染料とび，リピートの不整, むら，地の目縞不一致，糸返り
密度不良	生地密度が粗雑なもの，密度（とくに各色間の）にバラツキがあるもの
ロット不良	連続した同一生地の中に色・密度・風合いその他の段差を 生じたもの
リラックシング不良	アイロン・プレスのスチームや熱, または水洗いで 生じる収縮・小じわ・波打ちなど

【裁断関係】

欠点名称	欠点の状態
アソート不良	製品のパーツ間（例えば前身と後身など）に色差・密度差を生じたもの
型不良	裁断要因による製品の型（外観）・寸法などの不良，またはバラツキ
柄合わせ不良	えり・ポケット・そでなどの左右，またはこれらと身頃・身頃のはぎ合わせ目・打ち合わせの左右などで柄が合っていないもの
毛並み・方向性違い	起毛物・ニットなどの方向性無視で生じた色差，風合い差
合印不良	合印が製品の目立つ所に見えるか，またはほつれの原因になるもの。合印通り縫ってあるか，正常に仕上がっていないもの
地の目通し不良	スラックスやはぎ目なし身頃のセンターなど必要部に地の目が通っていないもの
縫い代・折り代不良	縫い代・折り代の過不足で機能不良（縫い目のゴロツキ，スリップなど）を生じたもの

【縫製関係】

欠点名称	欠点の状態
合印あと	縫い込み不足などにより合印が目立つ箇所に残ったもの
いせ込み	立体的に縫製するため，一定の奥行きをもって縫い縮めること
糸始末不良	縫い始め，縫い終わりの糸端の除去忘れと切り残し
運針数過不足	3cm間の縫い目数が指定と異なっているか，または不適当なもの
くいつき	縫い目の一部へ離れた他の部分を連れ込み，つまんだように縫われたもの
地糸切れ	縫い目（針穴傷の場合）または縫い目のわき（送り歯傷の場合）で生地糸が切れて生じた傷
シームパッカリング	縫い縮み，縫いずれによって，縫い目の周辺に生じた縫いつれまたは縫いじわ
舌出し	縫い合わせ目から縫い代の一部が表に出ているもの
しん貼り不良	にじみ出し，表面が白っぽく光る。白度差，芯のある所と無い所の表面の色調・光沢に差が出たもの
接着不良	接着したものが容易に剥がれるもの，またはその外観が劣るもの
タック不良	各タック縫いの外観が不均等で見苦しいもの
T字縫い目ほつれ	そで付けなどをした場合に引っ張ると肩継ぎ縫い目の肩先，またはわき合わせ縫い目のわき下などでほつれるもの

とじ不良	とじ部分に引きつれ・ひびき・浮きなどの外観，または機能の不良を生じたもの及びとじ忘れ
縫い糸切れ	縫い目の一部の縫い糸が切れたまま縫い上がったもの，または適度の引っ張りにも耐えられず切れるもの
縫い糸調子不良	縫い目の不揃い，または上下糸バランス不良などで見苦しいもの
縫い糸不良	皮膚刺激の恐れのあるモノフィラメント縫い糸，強度伸長不足のもの（共糸使用の場合），染色堅牢度不良のものなど
縫い代倒し不良	アイロン・押えが甘く，縫い代が十分倒れていないか，または倒し方向が違うもの
縫い代（メス幅）不良	縫い込みの過不足で生じた縫い代量の過不足状態，縫い代の幅の不揃い，縫い代の波打った状態
縫いずれ	パーツ間または生地と附属品間などの縫い合わせで段差・くい違いを生じたもの
縫い縮み	縫製不良によって布地が縮むこと
縫い継ぎ不良	縫い目の重なりが不適当なため，ほつれるかまたは見苦しいもの
縫い付け不良	縫い付け不良のため，製品に不均等・非対称・ねじれ・振りなどの外観または機能の不良を生じたもの
縫いつれ	縫い目の一部に不規則で見苦しい凸凹じわが生じたもの
縫い止め不良（忘れ）	縫い始め，縫い終わりのほつれ止めを忘れたもの，不完全なものまたはその外観の劣るもの
縫い伸び	縫い目とその周辺が縫う前に比べ，伸びてしまったもの
縫い外れ	縫い目が曲がり過ぎて，縫い代・生地端などからはずれたもの，巻き縫いなどの巻き込み・折り込みが一部でミスしたもの
縫い目滑脱	縫い目が生地から抜けるか，または縫い目近辺に目寄れ（織糸のずれ）が生じたもの
縫い目ごろつき	縫い目またはその周辺がかさばって見苦しいか違和感のあるもの
縫い目伸縮不良	生地の伸縮に縫い目が対応できないもの
縫い目とび	縫い目の一部が縫い目として形成されずとんで縫われたもの
縫い目のひけ・ラン	縫い目から横方向に生地に走った筋（糸ひけ，糸返り）またはほつれ（ラン）
縫い目曲がり	縫い目線が直線，または整った曲線になっておらず見苦しいもの
縫い目笑い	縫い締まりが悪く，縫い目と直交方向に引っ張ると縫い目が割れて開く（笑う）もの

縫い忘れ	本来縫うべき部分を縫い忘れたもの（一般縫い・落しミシン・伏せ縫い・裁ち目かがりなど）
針あと残り	縫い直し，しつけ縫いなどによって生じた目立つ針穴の跡
針穴傷	ミシン針で生地の糸を切ってできた跡
引っ掛け傷	糸始末の際のハサミ，台のささくれ，その他で引っかけるか又は切ることにより生地に生じた傷
ふき出し	本来控えるべき裏側の布が表側より飛び出している状態。また，そでやえり線で折りしろ（ヘム）が折り目より飛び出した状態など
附属品色合わせ不良	本体と附属品の色差が目立つもの（指示されたものは除く）
附属品打ち込み不良	しっかり打ち込んで固定していない，引っ掛かりや傷がある，引っ張ると容易にほつれが発生するもの
附属品材料不良	附属品の使用により生じた機能（補強・伸び止め・透け防止など），寸法，外観などの不良
附属品付け違い	指示された以外のものを使用したもの，または付け方（位置・方法・前加工など）を間違えたもの
附属品などの付け忘れ	ボタン類，ネーム類などを付け忘れたもの
補修跡	欠点補修が不十分のため，跡として目立つもの
補強不良	各補強の機能不良（強度不良，つれなど），外観不良および補強忘れ
目刺しはずれ	リンキング縫い目が所定の編地からはずれたもの
メス切れ不良	ミシンのメスの切れ味が悪く，切り口がささくれ立って見苦しいもの
ゆとり・キセ不良	裏地のゆとりが不適当なため，着用の際に表地がつれるか，または袖口・裾線などから裏地がはみ出すもの
わた吹き出し不良	キルティングの縫い目から詰める物（わた・羽毛など）が吹き出しているもの

【プレス・整理仕上げ】

欠点名称	欠点の状態
あたり，テカリ	アイロンまたはプレスを当てた部分の光沢・風合いに変化を生じたもの
えくぼ・たるみ	えくぼは，袖山やダーツポイントなどに出る凹み。泳ぎ，比較的大きな波打ち

大じわ	サイズ体型の適合する人台などに着せた際に現れる比較的大きく見苦しいしわ
折り目不良	スラックスその他折り目（プリーツ）の曲がり・正常位置からのずれ・折れ不足など
形態不良	左右不均一・部分的寸法違いなどで見苦しいもの，えりなどの反り・収まりが悪いもの
しみ汚れ	しみ汚れの除去が不十分で跡として目立つもの
フィット性不良	適合サイズの着用者で，動作阻害を生じるか見苦しいダブ付きが出るもの
風合い不良	アイロン・プレス機・セット機の仕上げ不良により風合い・光沢に変化を生じたもの
プレス不良	小じわが残って見苦しいもの
ペア差	一対のセットものの間に色・風合い・サイズその他の不揃いがあるもの
変質	検査時点で黄変・退色・かび・その他の経時変化を示すもの
補修跡	欠点補修が不十分のため，跡として目立つもの

第3章　確認問題

　以下の問題について，正しい場合は○，間違っている場合は×を付けなさい。

1．品質管理の項目には4つの項目があります。
2．検査の方法と内容には2つの検査方法があります。
3．部品・製品を台の上に平面に置いてする検査方法は平面検査です。
4．人台検査（ボディ検査）とは人台（トルソまたはボディ）に着せて立体的に検査をする方法です。
5．製品検査は，出荷前の検査のみです。
6．不良品の発見をする検査のやりかたは全数検査だけです。
7．設定性とは，製品の規格などが設定どおりに仕上がっているかを言います。
8．検針器による検針は，一般的に全作業工程のうちの製品検査作業に含まれます。

第3章　確認問題の解答と解説

（解答）　（解説）

1. （×）　6つの品質の項目と内容が正解です。
　　　　　①設定性　②優美性　③機能性　④安定性　⑤安全性　⑥堅牢性
2. （○）　外観検査とその他検査の2つの検査があります。
3. （○）　部品・製品を台の上で平面に置いて検査する方法は平面検査といいます。
4. （○）　人台検査とは人台（トルソまたはボディ）に着せて立体的に検査をする方法です。
5. （×）　材料及び半製品の受入検査，ミシン・アイロン工程内検査，製品出荷前の検査
　　　　　の3段階での検査が正解です。
6. （×）　抜取り検査と全数検査の2通りになります。
7. （×）　製品の規格，仕様，寸法などが設定どおりに仕上がっていることをいいます。
8. （○）　縫製工程後の製品検査時に検針をします。

第4章　安全衛生

第1節　労働安全衛生法（労働者の安全と健康を守る）

　企業経営者をはじめ，ラインの管理者及び安全・衛生管理者又は担当者が，事業所の安全衛生管理を効果的・継続的に行い，労働者の安全と健康維持を図ることを，労働安全衛生法で定めています。

　また，仕事が原因で労働者がケガや病気になったりしないように，使用者が措置しなければならない義務を定めています。

　労働者は，労働災害を防止するために必要な事項を守り，使用者が行う措置に協力するように定めています。

【労働安全衛生法　第一章　総則（第一条から第五条）】
　事業者は労働者を雇い入れたときにその従事する業務に関する安全又は衛生のための教育を，その労働者に対して行なわなければならないと，厚生労働省令で定めています（図4-1-1参照）。

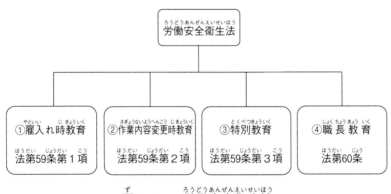

図4-1-1　労働安全衛生法

第2節　職場の安全衛生（技能実習中の労働災害への注意）

1．技能実習中の災害に心がけるポイント

　次の点に気を付けて，作業中にケガをしないよう安全を最優先に細心の注意を払いながら作業を進めていくことが重要です。

(1)　決められた事業所のルールと作業手順を守ること。

(2)　技能実習指導員などの責任者の指示を守ること。

　また，職場において労働災害の発生など緊急事態が発生した場合には，次の点に注意して，迅速で適切な対応を心がけ，人の被害やものの被害を最小限に抑えることが重要です。

①　異常を発見したら，大声で周りの人（技能実習生，日本人ほか）に知らせるとともに，技能実習指導者に連絡すること。

②　作業中にケガ，感電などを被災した場合には，責任者の指示に従い，勝手な行動をしないこと。

③　被災者の救助と手当を優先すること。

④　どんなに小さなケガでも技能実習指導員に連絡すること。

2．実習の現場での主な安全対策について

①　接触すると，危険な個所に安全カバー・囲いを取り付けること。

②　縫製関連機器（ミシン，アイロン，裁断機など）の点検・清掃・修理・給油などの場合は，スイッチを切って機械が止まっていることを確認してから行うこと。

　特に，技能実習生は，点検・修理・給油などの非定時作業は勝手に行わないこと。たとえ技能実習指導員の指導の下で行う場合であってもスイッチを切って機器が完全に止まってから行うこと。

3．安全衛生教育の実施

　事業所においては，安全に業務を遂行するために注意事項や基本ルールなどが定められていますが，実際の作業では労働者が安全についての知識や技能を十分に有していないと，いくら安全対策を講じても効果を上げることができません。このため，安全に関する知識を付与する安全教育は労働災害を防止する上で大変重要です。

　使用者（実習実施者）は技能実習生を雇入れた時や作業内容を変更した時には，次の事項について，安全衛生教育を実施しなければなりません（雇入れ時教育及び作

— 94 —

業内容変更時教育)。

① 縫製機器や原材料（生地・副資材）などの取り扱い方法。
② 縫製機器の安全装置や保護具などの取り扱い方法。
③ 作業内容など，技能実習生の安全衛生の確保に必要な事項。

4．整理・整頓・清掃・清潔の4Sと習慣（躾）を加えた5S

作業の効率化と質を高めるのに，効果的なのが5Sです。5Sとは，ムダなものを排除する整理，取り出しやすいように収納する整頓，清掃し，清潔にする。そして，全員が実行をするようにする習慣（躾）です。

① 整理

いるものといらないものを分け，いらないものは処分する。→作業効率があがり，転倒災害の危険も減ります。

② 整頓

いるものを使いやすく，わかりやすく収納する。→ムダな時間が減り，品質も向上します。その際に色別の標識をつけて区分の見える化などの工夫をすることも必要です。

③ 清潔

汚れを取り除いて身の回りをきれいにする。→製品の品質向上，異物混入防止が図られます。

④ 清掃

縫製機器設備，机回りなどの汚れやゴミを除去する。→縫製設備の機能維持，ケガおよび転倒など災害の危険も減ります。

⑤ 習慣（躾）

決められたことをきちんと守る。→繰り返すことで，意識しないでも自然に，安全，衛生的な行動ができるようになります。

4S・5Sを守らないことによるマイナスの影響を繰り返し説明し，実習生は，日々4S・5Sの実行を心がけることが大切です。

第3節　職場の安全管理（職場の安全は自分で守る）

　縫製業界の職場は，他の産業に比べて一般的に危険性が少ないといわれていますが，実際には次のような事故が発生しています。

① 裁断作業中に，裁断刃で指を切る。

② ミシン作業中に，ミシン針で指先を縫ってしまう。また，ミシン針先に指をひっかけてしまいケガをする。

③ 折れたミシン針が指に突き刺さる。

④ ハサミ（裁ちバサミ・小バサミ）で指先を切ってしまう。

⑤ 目打ちなどの縫製用具の間違った使い方をすることでケガをする。

⑥ アイロンによる作業中に，アイロンに接触，蒸気が手にかかりヤケドをする。

⑦ 縫製機器の間違った使い方をして，電気火災などの事故が起きる。

　このような労働災害を防ぐには，「健康と安全な職場環境は自分たちで守る」という作業者が意識をもつことが大事です。すなわち，実習生は「職場の安全を守る一員」であり，自分たちも安全管理に責任をもって対応する必要があります。

1．室内作業環境

(1) 照明

　室内照明はミシン作業者にとっては大切です。照明には直接照明と間接照明があり，直接照明は光源からの光を直接照射する方式です。間接照明は光源からの光を天井や壁に照射して，その反射光で間接的に照明する方式です。

　照明基準（JIS Z9110：2010）では，これら2つの照明を作業内容に合わせて調整して，場内照明は500ルクス（維持照度Lx），ミシン作業及び裁断作業は750ルクス（維持照度Lx）を目安としています。暗く感じるようであれば技能実習指導員に連絡します。

(2) 温度・湿度

　縫製作業は軽労働なので，季節などに応じて室内の温度・湿度は事務所と同じ程度で適切な状態に保つ必要があります。環境省では，冷房時の室温28℃，暖房時の室温20℃を目安にして温度管理するように推奨しています。

(3) 作業空間等

　縫製作業空間や職場内の通路等の適切な確保を図ることが転倒などの事故を防ぐことになります。それには，身の回りの整理整頓を心がけることが重要です。

2．危機災害の緊急対応

作業現場では，ちょっとした不注意が事故につながります。安全の第一歩は，職場には様々な危険があるということをよく理解して，危険に対する意識を持つことが重要です。

(1) 異常事態を発見した時の措置

① 異常事態を発見したら，まず何が起こっているかを確認します。

② 周りにいる現場責任者や同僚に大きな声で知らせます。

③ 必要により非常停止ボタンを押します。なお，非常停止ボタンは，どのような時に「停止ボタンを押して機械を止める」のかを技能実習指導員が教え，かつ実際に非常停止ボタンを押す訓練を実施します。

④ 責任者の指示のもと，同僚と協力して適切な処置を取ります。一人で勝手な行動をしてはいけません。

⑤ 異常事態が解消された後，責任者は発生状況を取りまとめて報告します。

(2) 避難，防災訓練

① 台風による風水害，地震，津波など自然災害の場合は，まず安全な場所へ避難します。

ハザードマップ（被害予測地図）などで，どこが安全な場所かを確認しておくことが必要です。日本語が不慣れな実習生も理解できるように母国語も併記して，安全な場所を教えておきます。

次に自分から安否の情報を発信することが大切です。

防災対策は「自分でできること」，「仲間でできること」，「職場で力を合わせてできること」などについて考え，災害に備えておくことが最も大切です。

② 爆発，火災等の場合は，付近の者に知らせながら，安全な場所に避難します。そのため，避難通路や避難出口，停電時の照明の確保が重要です。

異常事態とその対応，及び防災については，その状況を想定した訓練を定期的に行っておくことが重要です。

(3) 事故への応急処置

事故が起こったら，すぐに周りの人に連絡をします。

アイロンによるヤケド，縫製機器によるケガなど症状により，まず常設の救急箱（救急用具・材料）で応急処置を行います。

第4節　労働災害防止に関する安全衛生 標 識 (危険の見える化)

「危険の見える化」のために，安全衛生 標 識などを用いることがあります（図 4-4-1 参照）。

① 「危険の見える化」とは，職 場に潜む危険や，安全のため 注 意すべき事項等を可視化（見える化）することで，より効果的な安全活動を 行 うものです。

② 「危険の見える化」は，危険認識や作 業 上 の 注 意喚起を分かりやすく知らせることができ，また，未 熟 練の労働者も参加しやすいなど，安全確保のための有効な方法です。

③ 「危険の見える化」を 行 ったときは，なぜ危険か，どのように安全な作 業 をしなければならないかを作 業 者に 教 育することが必要です。

禁止標識（立入禁止）	禁止標識（火気厳禁）	注意標識（足元注意）

注意標識（修理中）	避難誘導標識（非常口）	衛生・安全標識（救急箱）

安全標識（AED設置）	防火標識（消火器）	防火標識（消火栓）

図 4-4-1　安全衛生 標 識（例）（参考：JIS Z8210）

第5節 技能実習生のコミュニケーション（お互いが理解する方法）

1．技能実習生とのコミュニケーションの取り方について

(1) 現場におけるコミュニケーション（技能実習生との日頃の対話が重要）

技能実習生の一人作業は避け，チームとして働くことに気を付けます。

日本語が不慣れな技能実習生もいるので，分かりやすく丁寧に根気よく繰り返し指導することが大切です。これは，技能実習生が親しく話せる一般従業員がペアになり，作業指示などの伝達役を果たすと効果的です。

また，実習生が企業に複数在籍していれば，滞在年数の長い日本語を理解できる者が一般従業員との連絡役になるなど，作業を通じてお互いに対話するように心がけてコミュニケーションをとることが重要です。

(2) 日常生活におけるコミュニケーション

実習生の体調不良や日常生活で抱える悩みなどが，ケガなどによる作業の安全におよぼす影響も懸念されます。生活指導員を中心に問題点の把握に努め，生活指導の徹底と個別相談会，または定期的に招集して意見交換の場を設けるなどをしてコミュニケーショを深めることも大切です。

(3) 母国の家族とのコミュニケーション

母国の家族との円満な関係が日本での生活に果たす役割は少なくありません。コミュニケーションにも気を配り，必要に応じてビデオ通話などの支援を行います。

(4) 生活指導員の役割（日常生活のフォローなど）

職場慣行の違いやコミュニケーション不足，日本語能力の低さ等からくる不信感など技能実習生と実習実施者（受入れ企業）の間でのトラブルは多数報告されています。

技能実習生の生活指導を行う生活指導員は，技能実習生の日本における生活上で注意する必要のある点や事柄を指導するだけでなく，技能実習生の生活状況を把握し相談に乗る等して，トラブルの発生を未然に防止するように努めることが必要です。

2．実習生活に必要な日本語とコミュニケーション

(1) 技能実習生に必要な日本語は，職種や生活環境によって違ってきます。まず，技

能実習生が日本語を使用する場面及び目的について考えますと,「技能などを習得する」,「職場や地域の人との人間関係を築く」,「健康に安全に暮らす」,「生活を楽しむ」等があげられます（表4-5-1参照）。

表 4-5-1　必要とする日本語

日本語使用の場面	必要とする日本語（例）
技能を習得する	・実習作業の指示の言葉を理解する。 ・数量や時間を正確に聞く。 ・作業の進み具合を簡単に報告する。　等
職場や地域の人と人間関係を築く	・自分から挨拶，返事を積極的にする。 ・人とのおしゃべり等をして，心と気持ちの通い合うコミュニケーションを築く。
健康に安全に暮らす	・体の不調や病気やけがの時に知らせる。 ・外出の際に事故に遭遇しないように交通標識など理解する。
生活を楽しむ	・自分で買い物をする。 ・買い物施設や飲食店を利用する。 ・交通機関を利用する。 ・テレビ等を見る。

次にどんなことが理解できたり言えたりするといいのか考えると,

①　作業の指示の言葉を理解する，指示の用語集など母国語と日本語で理解ができる言葉で学習する。

②　職場や地域の人と挨拶をする，おしゃべり等をして，コミュニケーションを良くする。

③　病気やケガの時に知らせる，交通標識など安全ルールを理解する。

これが「技能実習生に必要な日本語」です。企業は定期的な日本語の継続学習を実習生にさせて理解力を深めさせることが重要です。また，実習生は生活を楽しく送って行くために，日本語を積極的に学習することが大切です。それには，スマートフォン等の翻訳アプリを使って自分で学習していくことも効果的です。

(2)　技能実習生に必要な日本語は，作業に関する「言葉を聞き取る力」，「日本人と会話する力」です。

「聞く」力，「話す」力をつけるには，やはり「聞く」，「話す」，すなわち「会話をする」ことを多くすることが重要です。それには，毎日の就労時に「自分から聞

—100—

く」,「自分から話す」を 心 掛け,「自分から対話」して「会話する機会を多く」して日本語を覚えていくことが大切です。

(3) 「聞き返す 力 」も大切です。

言葉がわからないために「わかりました」と答えて会話を終えてしまうことがあります。話 の内容が分からなくても,そこであきらめずに「分かりません。もう一度お願いします。」,「えっ,何ですか?」等と聞き直して相手に説明を求めれば,会話を続けることができ,少ない言葉の知識でコミュニケーションをとっていくことができます。

第4章　確認問題

以下の問題について，正しい場合は〇，間違っている場合は×を付けなさい。

1．職場の安全衛生で，技能実習中の災害に心がけるポイントには2項目があります。
2．実習現場での主な安全対策は2項目です。
3．製造作業工場における3Sと躾（習慣）を加えた4Sが大切です。
4．危機災害の緊急対応は異常事態を発見した時の措置として5項目です。
5．避難するのは，爆発・火災等の場合のみです。
6．事故への応急処置は，まず常設の救急箱（救急用具・材料）で処置します。
7．技能実習生は母国の家族とのコミュニケーションはとらなくてよい。
8．実習生活に必要な日本語とコミュニケーションは「技能などを習得する」ために必要です。
9．技能実習生に必要な日本語は，作業に関する「言葉を聞き取る力」，「日本人と会話する力」です。

第4章　確認問題の解答と解説

（解答）　（解説）

1．（〇）心がけるポイントは次の2つになります。

　　① 決められた事業所のルールと作業手順を守ること。

　　② 技能実習指導員などの責任者の指示を守ること。

2．（〇）実習現場での主な安全対策は次の2つになります。

　　① 接触すると，危険な個所に安全カバー・囲いを取り付ける。

　　② 縫製関連（ミシン，アイロン，裁断機など）の点検・清掃・修理・給油などの場合は，スイッチを切って機械が止まっていることを確認してから行う。

3．（×）整理・整頓・清掃・清潔の4Sと躾（習慣）を加えた5Sとなります。

4．（〇）異常事態への対応は以下のとおり5項目あります。

　　① 異常事態を発見したら，まず何が起こっているかを確認する。

　　② 周りにいる現場責任者や同僚に大きな声で知らせる。

　　③ 必要により非常停止ボタンを押す。なお，技能実習指導員は，どのようなときに「停止ボタンを押して機械を止める」のかを教え，かつ実際に非常停止ボタンを押す訓練を実施しておく。

　　④ 責任者の指示のもと，同僚と協力して適切な処置を取る。一人で勝手な行動をしないこと。

　　⑤ 異常事態が解消された後，責任者は発生状況を取りまとめて報告する。

5．（×）避難が必要な場合は次の2つになります。

　　① 台風による風水害，地震，津波など自然災害

　　② 爆発，火災等の場合

6．（〇）事故が起こったら，すぐに周りの人に連絡します。ケガなどの症状により，まず常設の救急箱（救急用具・材料）で応急処置を行います。

7．（×）母国の家族との円満な関係が日本での生活に果たす役割は少なくないことから，必要に応じてビデオ通話などの支援をすることが望ましい。

8．（×）「技能などを習得する」だけでなく，「健康に安全に暮らす」，「職場や地域の人との人間関係を築く」などに必要です。

9．（〇）「言葉を聞き取る力」，「日本人と会話する力」が必要です。

第5章　実務手順と実務工程

第1節　演習（主要機器の理解）

　ここでは実務作業の内容を元に，今までの章で身に付けた知識を再確認しながら説明します。第1節では縫製機械の中で組立て時，よく使用される工業用ミシンについて確認します。

【その前に！】

　多くの衣類製造に使用されるミシンは工業用であり，速度が早いので使用する際は注意が必要です。基本を学び正しく使用することで，能率よく作業を行うことができるようになります。

1．服装・作業準備

　作業しやすい服装で危険の無い環境が大事です。また，清潔でなければなりません。起こりうる危険に対して対応できる体制を取り，備えることが必要です。また危険が無いようにしなければなりません。縫製現場ではモーターや針，アイロンなどの回転物，危険物，熱源が有るので動きやすいだけでは不十分です。次に注意すべき危険を3つ上げます。
　　①　機械による巻き込み
　　②　ミシン針や鋏による刺傷
　　③　アイロンによる火傷・燃焼

　上記を踏まえ危険がなくなる服装を考えますと，長い紐状の附属品の無い衣装で，手元が見やすくて動きやすく，熱に強い素材で表面フラッシュ^{注）}の起こることのない服装が推奨されます。
　　①　機械による巻き込み　→　紐状附属品のある服装は避ける
　　②　ミシン針や鋏による刺傷　→　死角がない見やすく動きやすい服装
　　③　アイロンによる火傷・燃焼　→　熱に強い素材の衣服

注）表面フラッシュとは？
　　起毛を施した衣料品等が着火し，炎が毛羽から毛羽へ急速に伝播し生地表面を炎が走る現象を「表面フラッシュ」と呼びます。
　　毛羽は体積の割に表面積が大きく，空気との接触面積が大きいため，着火すると瞬時に完全燃焼します。炎は透明に近いので明るいところでは，ほとんど目立たず，気付くのが遅れると地組織にまで延焼し，思わぬ事故を招くことがありますので注意が必要です。

　　また，これらの縫製現場での注意点は服装に限らず作業環境や作業者自身にも当てはまります。これらの内容は各社の就業規則等により決められているので，会社の指示に従う必要があります。
　　何事も安全安心が大切です。製造する商品である繊維製品の安全安心だけでなく労働者の安全安心も会社の義務です。作業者一人一人が高い意識を持ち，会社の指示等を実行することで安全安心が保たれるので徹底する必要があります。

2．工業用ミシン（本縫いミシン）

　　工業用ミシンで良く使用されるミシンです。「直線縫い」，「本縫いミシン」等と呼ばれることもあります。上糸と下糸で構成される単純な構造ですが，ミシンメーカーは生産性を上げるため，より高い品質の縫い目を作るため，素材の種類や厚みにより設定や部品を変えています。見た目が同じようでも内容が異なることもありますが，ここでは一般的な「本縫いミシン」を例に挙げ機能を説明します。

上糸

下糸

図5-1-1　「本縫い」縫い目構造（省略表現）

　　図5-1-1は「本縫い」縫い目構造の図です。本縫いは上糸と下糸で生地を締める構造で，上糸と下糸の力の均衡がとれていないと綺麗な縫い目になりません。
　　図5-1-2は本縫いミシンとその各部の図です。大きく言えば各部は図5-1-2に示すように，①ON・OFFスイッチ，②ミシン本体，③モーター，④テーブル，⑤ペダル，⑥膝上げ装置，⑦糸立て糸案内，⑧糸立て，で構成されています。

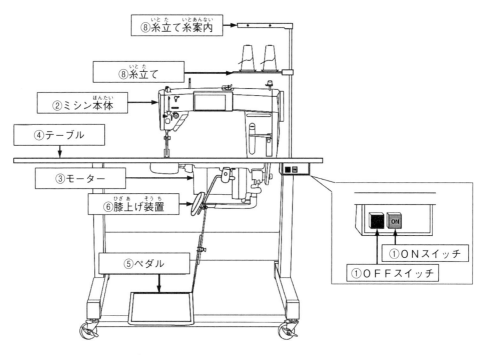

⑧糸立て糸案内

⑧糸立て

②ミシン本体

④テーブル

③モーター

⑥膝上げ装置

⑤ペダル

①ONスイッチ

①OFFスイッチ

図 5-1-2　本縫いミシンと各部の名称

　ミシン作業を行う場合に必ず使用する箇所なので，覚えにくい場合は自身が使用するミシンに名称を貼り付けておくと良いでしょう。

3．本縫いミシンの各部の働きと操作

(1)　スイッチ

　電源スイッチの「ON」のボタンを押すと電源が入り，「OFF」のボタンを押すと電源が切れます。

　電源が入っているか，切れているかは操作パネルの電源ランプの点灯／消灯で確認できるので必ず確認します。ミシンを使った後や持ち場から離れる時は，必ずスイッチをOFFにします（図5-1-3参照）。

　また，ミシンは電源が入っていてもペダル操作をしないかぎり作動しません。

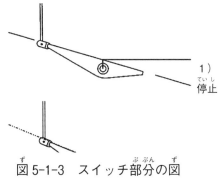

図 5-1-3　スイッチ部分の図

(2)　ペダル

　ミシンは，ペダルの操作を中心に動かします。そのため両足の使い方が非常に重要になります。ここでは基本的な操作について説明します（図 5-1-4 参照）。

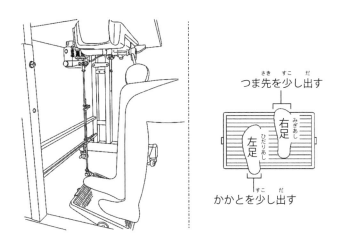

つま先を少し出す

右足

左足

かかとを少し出す

図 5-1-4　ペダルの足のおき方（図提供：JUKI 株式会社）

ポイントは2点
　・右足のつま先をペダルより少し前に出します。
　・左足のかかとはペダルより少し後ろに出します。
これが両足のおき方の基本です。

① ペダルの踏み方

　ミシンのスタート・ストップ・スピード調整・自動糸切は，ペダルの操作で行います。ミシンの操作を正しく覚えることで，早く上達することができます。図5-1-5及び図5-1-6でよく確かめ理解しましょう。

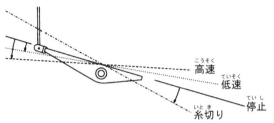

図5-1-5　ペダルの使い方①（図提供：JUKI 株式会社）

1）停止　ペダルの初期位置です。低速や高速にて作動している場合は，左足のかかとを後方に軽く踏みこみ，ペダルの角度を最初の位置に戻すことで停止します。
2）低速　ミシン動作における始動です。右足のつま先を前方に軽く踏み込むことでミシンが低速で動作します。
3）高速　低速の動作から右足のつま先をさらに踏み込むことで速度が増します。深く踏み込むだけスピードが速くなります。
4）糸切り　初期状態もしくは停止状態より左足のかかとをさらに踏み込むことで自動糸切り装置が働き，縫製糸を切断します。ミシン針が上の位置に上がり停止します。

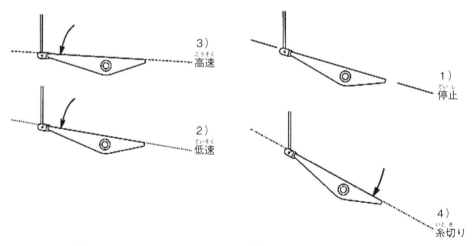

図5-1-6　ペダルの使い方②（図提供：JUKI 株式会社）

② ペダル操作の留意点

　自動押え上げ装置を使用した場合は，停止と糸切りの間に押えが上がる操作が入ります。順序は，1）停止　2）押さえ上げ　3）糸切り　となり図5-1-7のとおりです。

　作業に使うミシンの機能を確認して，適したペダル操作を行います。

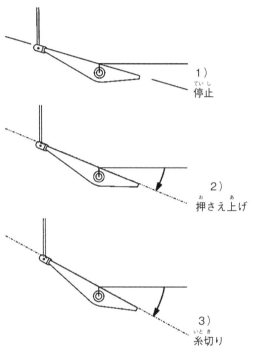

1）
停止

2）
押さえ上げ

3）
糸切り

図5-1-7　ペダルの使い方③（図提供：JUKI株式会社）

(3) 針と糸について

① ミシン針

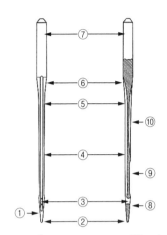

①	針先部	Needle point
②	先端	Tip of the point
③	糸穴	Needle eye
④	針幹	Blade
⑤	表溝	Long groove
⑥	テーパー部	Shank taper
⑦	シャンク・軸	Shank
⑧	短溝	Point groove
⑨	エグリ	Scarf
⑩	裏溝	Short groove

図 5-1-8　ミシン針の主要部位名称（図表提供：オルガン針株式会社）

　図 5-1-8 のとおりミシン針には，先端に穴，片側にエグリがあります。このエグリが右側にくるように取り付けなければなりません。

　針の取り付け方が悪いと，糸切れ・針折れ・目とび等の不具合が起こる原因になります。ミシン針の取り付け方を理解し正しく取り付けられるようしっかりと覚えます。

　工業用ミシン針は家庭用ミシン針と違い，針上部は円柱形状で上部に取り付け目安となるものは無く，目安となるものは針穴片側のエグリのみになります。

　次にミシン針の取り付け手順を説明します。

1）ハズミ車を回して，針棒取り付け部を最上点の位置に上げます（図5-1-9参照）。

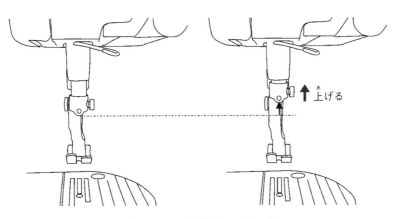

↑上げる

図5-1-9　針棒取り付け部

2）右手に中型のドライバーを持ち，左手はドライバーの先端を軽く持って止ねじを緩めます（図5-1-10参照）。

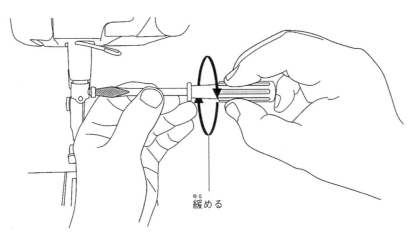

緩める

図5-1-10　ドライバーの持ち方

3）左手の親指と人さし指で，針をつまみます（図5-1-11参照）。

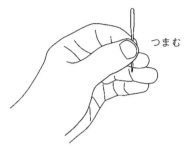

つまむ

図5-1-11　ミシン針の持ち方

4）針棒の穴へ左手に持った針を入れ，突き当たるまで差し込みます（図5-1-12，図5-1-13参照）。

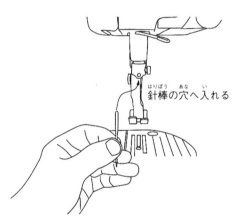

針棒の穴へ入れる

図5-1-12　針棒穴への入れ方①

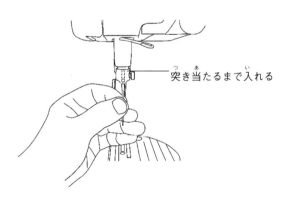

突き当たるまで入れる

図5-1-13　針棒穴への入れ方②

5) 針ミゾ（針のえぐり部分）の長い方が横に向くようにセットします（図5-1-14参照）。

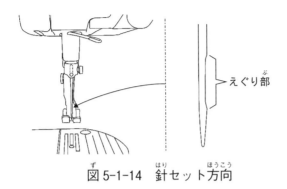

えぐり部

図5-1-14　針セット方向

6) 左手で針をささえ，右手で針止めネジを針が下に落ちない程度に軽く止めます（図5-1-15参照）。

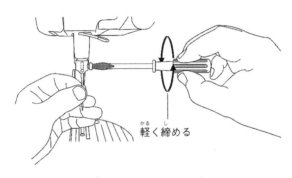

軽く締める

図5-1-15　針仮固定

7) 左手を針から離してドライバーの先端をささえ，右手のドライバーに力を入れて，針止めネジをしっかりと締めます（図5-1-16参照）。

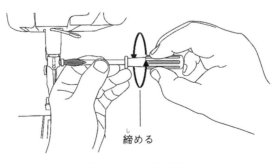

締める

図5-1-16　針固定

② 下糸

1) 下糸の巻き方

　　下糸とはミシン下部の釜に入れる糸で，ボビンにあらかじめ巻いておく糸のことです。ボビンに下糸を巻くときは，ミシンにとりつけられている下糸巻装置を使うか，糸巻専用の機械を使うことになります。ここでは工業用ミシンの下糸巻装置について説明します。

　　ａ．ボビンを下糸巻装置の糸巻軸に差し込みます（図5-1-17参照）。

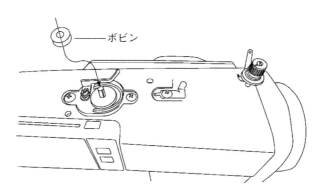

図5-1-17　糸巻軸への差込み図

　　ｂ．糸立から糸を引いてきて糸を通します。下糸調子皿の糸テンションは適正でないと縫不良の要因となるので正しい状態に調整します。糸テンションは15～25ｇ程度が好ましいです（図5-1-18，図5-1-19参照）。

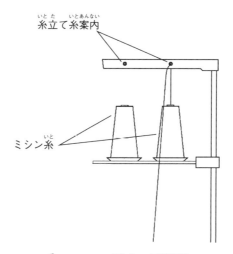

図5-1-18　糸立て糸案内

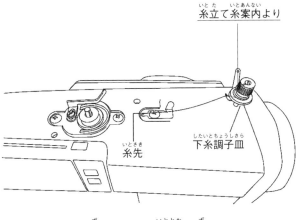

図 5-1-19　糸通し図

c．ボビンに糸を右回りで数回巻きつけ固定します（図 5-1-20 参照）。

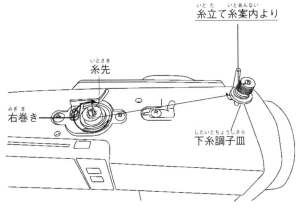

図 5-1-20　糸先をボビンに仮固定

d．糸巻レバーを押込みます（図 5-1-21 参照）。

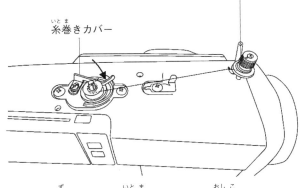

図 5-1-21　糸巻きレバーの押込み

e．ミシンの押え金を押え上げレバーで上げます（図5-1-22参照）。

押え上げレバー

図5-1-22　押え上げレバー上げ

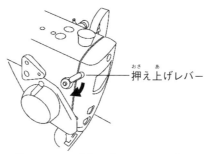

押え上げレバー

図5-1-23　押え上げレバー下げ

　図5-1-22のようにレバーを上げることで押え金は上がり，図5-1-23のように レバーを下げれば押え金は下がります。糸巻の駆動が運針に連動しているミ シンは，この操作を行わないと押え金と送り歯が擦れてぶつかり破損につな がるので注意します。

　また，図5-1-24のような自動押え上げ装置がついているミシンでは，レバー が付いていないものもあります。この場合下糸巻き駆動の操作に切り替えた時 点で押え金が上がる，または押え金の圧力が0になり自由になるので，押え金 が送り歯に接していないか確認して下糸巻きの駆動を行います。

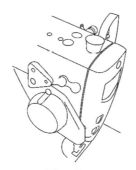

図5-1-24　押え上げレバー無し

f．自動押え金装置が付いていないミシンは，この段階で電源スイッチを入れペダルを踏みミシンを運転します。自動押え金装置がある場合は，前記の e．を行う前に電源を入れ，下糸巻き駆動に切り替える必要があります（図 5-1-25,図 5-1-26参照）。

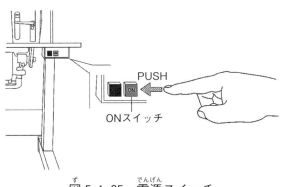

図 5-1-25　電源スイッチ

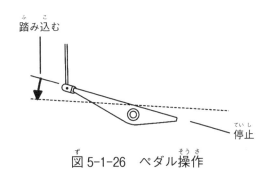

図 5-1-26　ペダル操作

g．ボビンに一定量の糸が巻かれると，糸巻レバーが解除（初期位置に戻る）され運転が自動的に停止します（図 5-1-27参照）。

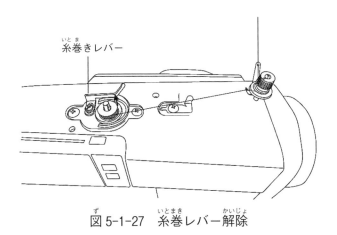

図 5-1-27　糸巻レバー解除

h．ボビンを取り外し，糸切保持板で糸を切ります（図5-1-28参照）。

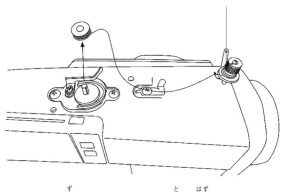

図5-1-28　ボビン取り外し

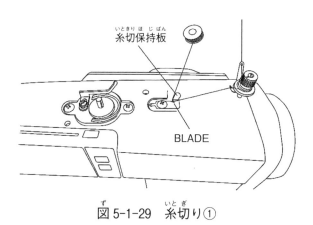

糸切保持板

BLADE

図5-1-29　糸切り①

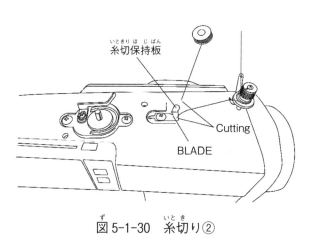

糸切保持板

Cutting

BLADE

図5-1-30　糸切り②

2）下糸の巻き量の調整
　　巻き量の調整は，糸巻きレバーを移動させて調整します。糸巻レバーを固定する止ねじを緩め，糸巻レバーを調整したい方向へ移動させた後に止ねじを固定します（図5-1-31参照）。

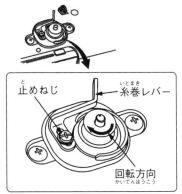

図5-1-31　糸巻レバーと止めねじ（図提供：JUKI株式会社）

a．巻き量が少ない場合
　　糸巻レバーを固定する止ねじを緩め，糸巻レバーを図5-1-32の「移動方向」に移動させた後に止ねじを固定します。

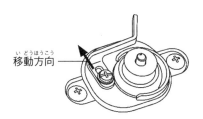

図5-1-32　糸巻き量が少ない場合の移動方向（図提供：JUKI株式会社）

b．巻き量が多い場合
　　糸巻レバーを固定する止ねじを緩め，糸巻レバーを図5-1-33の「移動方向」に移動させた後に止ねじを固定します。

図5-1-33　糸巻き量が多い場合の移動方向（図提供：JUKI株式会社）

3）巻き方の調整

　　ボビンへの糸の巻き具合は全体に平均に巻かれていなければなりません。図5-1-34のBのような綺麗な円筒形が目安となります。不良となる場合は糸巻調整が必要となります。糸巻調整方法について説明します。

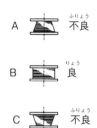

図 5-1-34　ボビン糸巻の良品と不良品（図提供：JUKI 株式会社）

　　ボビンの中心と糸調子皿の中心が同じ高さになっているのが標準です（図 5-1-35 参照）。この状態で不良になる場合は，糸調子皿を上下に移動させて調整を行います。

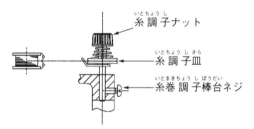

図 5-1-35　糸調子皿の標準位置（図提供：JUKI 株式会社）

a．下側が多く巻かれる場合

　　ボビンの下側が多く巻かれる場合には，図 5-1-36 のように糸調子皿を上に移動させます。糸調子皿は，糸調子棒台ネジを緩めないと動かないので，緩めてから移動させます。また移動後は，糸調子棒台ネジを締め付けます。

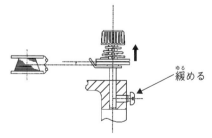

図 5-1-36　下側が過多時の糸調子皿の調整（図提供：JUKI 株式会社）

b．上側が多く巻かれる場合
　　ボビンの上側が多く巻かれる場合には，図5-1-37のように糸調子皿を下に移動させます。糸調子皿は，糸調子棒台ネジを緩めないと動かないので，緩めてから移動させます。また移動後は，糸調子棒台ネジを締め付けます。

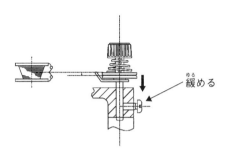

図5-1-37　上側が過多時の糸調子皿の調整（図提供：JUKI株式会社）

c．下糸巻き方の張力調整
　　図5-1-38のとおり，糸調子ナットを回して調整します。時計回りで張力が上がり，緩めるのはその逆に回します。張力が上がるほど糸が強く引かれた状態で巻かれます。糸は適度な伸度になるよう張力をかけないと，糸切れやパッカリングの原因になることあります。特殊な条件でなければ，適正な張力で調整を行います。

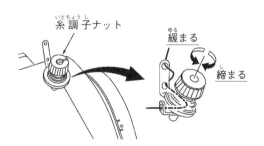

図5-1-38　糸調子ナット（図提供：JUKI株式会社）

4）ボビンケースの説明と取り方・入れ方
　　ボビンケースは2種類あり，ボビンが回転し糸を供給する通常タイプと，ボビンが回転せず糸を供給する無回転タイプがあります。ここでは通常タイプについて説明します。
　　また作業に取り掛かる前に必ず電源を切り，モーターの回転が止まったこと

を確認してから作業に取りかかります。ミシンの不意の起動によるケガを防ぐため必ず確認して行うように心掛けます。

a．ボビンケースの説明

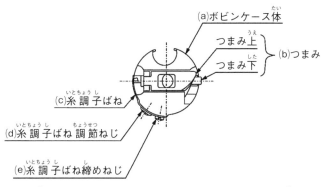

(a)ボビンケース体
つまみ上
つまみ下 } (b)つまみ
(c)糸調子ばね
(d)糸調子ばね調節ねじ
(e)糸調子ばね締めねじ

図5-1-39　ボビンケース部分名称　上面図

　図5-1-39はボビンケースを上から見た図です。(a)ボビンケース体，(b)つまみ（つまみ上，つまみ下），(c)糸調子ばね，(d)糸調子ばね調節ねじ，(e)糸調子ばね締めねじの5箇所を表示しています。

(a)　ボビンケース体：ボビンケース本体
(b)　つまみ：ボビン出し入れ時の持ち手
(c)　糸調子ばね：下糸張力をかける金属板
(d)　糸調子ばね調節ねじ：下糸張力調節ねじ
(e)　糸調子ばね締めねじ：糸調子ばね固定ねじ

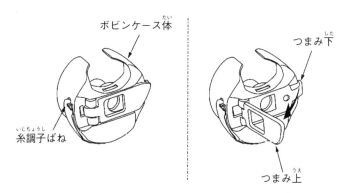

ボビンケース体
糸調子ばね
つまみ下
つまみ上

図5-1-40　ボビンケース部分名称　ボビンケース体・糸調子ばね・つまみ

　図5-1-40の左の図は通常図で，右の図はつまみを起した図です。つまみは図の通りに起こす（動かす）ことができます。このつまみを起すことで，持

ち手になりボビンケースの挿入がしやすくなります。また取り出すときも同様で，起こすことで持ち手になり，ミシンの下糸釜から取り出すことができます。

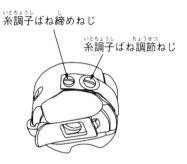

糸調子ばね締めねじ

糸調子ばね調節ねじ

図5-1-41　ボビンケース部分名称　糸調子ばね締めねじ・糸調子ばね調節ねじ

　図5-1-41では「糸調子ばね締めねじ」と「糸調子ばね調節ねじ」の箇所を示しています。糸調子ばね，調節ねじは，下糸張力の調整に使用するので必ず覚えます。
　下糸張力の調整方法を説明します。

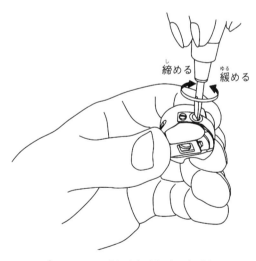

締める　緩める

図5-1-42　下糸張力の調節

　図5-1-42で示すとおり，左回りでねじがしまり張力が強まります。また右回りでねじが緩み張力が弱まります。

・左回り　→　ねじが締まる（張力 UP）
・右回り　→　ねじが緩む（張力 DOWN）
　通常ボビンケースからの糸テンションは約15g～25gが適正です。目安に収まるよう必ず調整します。15g～25gの張力を測定する目安としてa.ボビンの重さを用いる方法と，b.目安の張力と同等程度の重りを使用する方法の2種類を説明します。

a．ボビンの重さを用いる方法

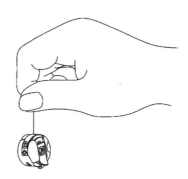

図5-1-43　下糸張力測定［ボビン利用］

　図5-1-43のように糸端を持ち，ボビンケースをぶら下げます。この時のボビンのぶら下がり状態を確認することで，下糸張力の目安を付けることができます。
　状態としては，「動く（下がる）」もしくは「動かない（下がらない）」となります。良い状態というのは，緩やかにボビンケースが下がる状態です。縫製糸の組成がスパンやフィラメント，素材が綿や合成繊維など種類により多少状態の変化があります。
・（良）下糸張力が良い状態　→　緩やかにボビンケースが下がる
　　　　　　　　　　　　　　　　　（図5-1-44 参照）
・（不良）下糸張力が強い状態　→　ボビンケースが下がらない
　　　　　　　　　　　　　　　　　（図5-1-45 参照）
・（不良）下糸張力が弱い状態　→　ボビンケースがするする下がる
　　　　　　　　　　　　　　　　　（図5-1-46 参照）

図 5-1-44　（良）下糸張力が良い状態

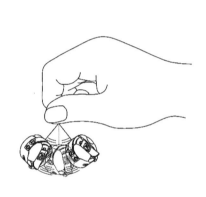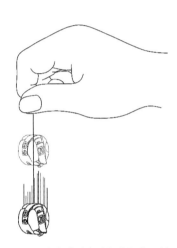

図 5-1-45　（不良）下糸張力が強い状態　　図 5-1-46　（不良）下糸張力が弱い状態

　図 5-1-44 のように「ずるりずるり」と緩やかに下りていくのが良い状態です。綿糸やスパン糸などの滑りの悪い縫製糸は，一定の間隔で止まりながら下ります。また，合成繊維糸やフィラメント糸などの滑りの良い縫製糸は，止まらずに緩やかに下ります。

　・綿糸やスパン糸 → ボビンケースが止まりながら下りる
　・合成繊維糸やフィラメント糸 → ボビンケースが緩やかに下りる

　ボビンケースの自重で自然にボビンに巻かれた下糸がくりだされますが，動き出す前には最大静止摩擦力より大きな力を加える必要があります。ボビンケースを吊り下げた後に軽く上下に振るなど，多少外力を与え確認します。

b．目安の張力と同等程度の重りを使用する方法

15 g〜25 g程度のおもりを用意し，ボビンケースから出ている下糸に結び付けます（図5-1-47参照）。

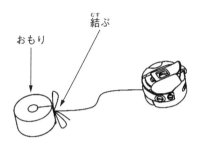

図 5-1-47　おもりに結びつけた下糸

　図5-1-48のように結び付けたらボビンケースを持ち，おもりがどのように下りるかを確認します。緩やかにゆっくりと下りていけば，適正な下糸調子がとれています。

図 5-1-48　おもり確認の様子

・（良）下糸張力が良い状態　→　緩やかにおもりが下がる
　　　　　　　　　　　　　　　　　　（図5-1-49参照）
・（不良）下糸張力が強い状態　→　おもりが下がらない
　　　　　　　　　　　　　　　　　　（図5-1-50参照）
・（不良）下糸張力が弱い状態　→　おもりがするする下がる
　　　　　　　　　　　　　　　　　　（図5-1-51参照）

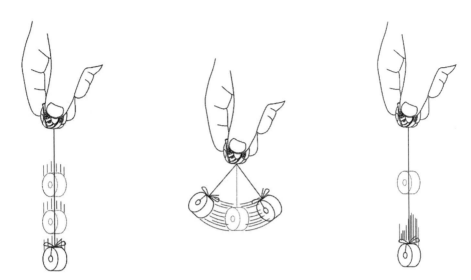

図 5-1-49　（良）下糸張　　図 5-1-50　（不良）下糸張　　図 5-1-51　（不良）下糸張
　　　　力 が良い 状態　　　　　　　　力 が強い 状態　　　　　　　　力 が弱い 状態

　　「a．ボビンの重さを用いる方法」,「b．目安の張 力と同等程度の重りを
使用する方法」の2種類の下糸張 力測定方法を説明しました。どちらを使用
しても問題ありません。前述 の通り縫製糸の組成などでボビンケースやおも
りの下り方に変化があるので, 目安程度と 考えます。

5）ボビンケースの入れ方
　a．はずみ 車を回し, ミシン針を針板より上に上げます。

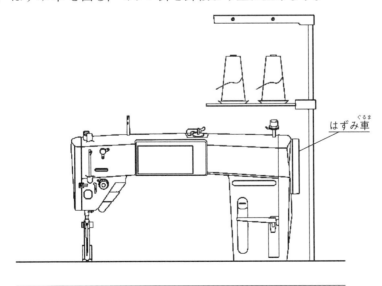

はずみ 車

図 5-1-52　はずみ 車

図5-1-53　はずみ車の回転方向

図5-1-54　針板より上にあるミシン針

ミシン針

針板

　　図5-1-52，図5-1-53，図5-1-54の通り，はずみ車を手で回転させ，ミシン針を針板より上に動かします。ミシン針が針板より下にあると，ミシン針がボビンと接触しボビンケースの抜き差しができません。無理に抜き差しするとミシン針が曲がったり，ミシン針が折れてしまいます。必ずミシン針が針板より上部にあることを確認した後にボビンケースの抜き差しを行います。

b．糸巻済みのボビンをボビンケースに入れます。

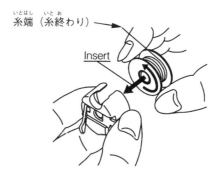

糸端（糸終わり）

Insert

図5-1-55　ボビンの挿入（図提供：JUKI株式会社）

　　図5-1-55の通りボビンの糸巻きが右巻きの向きでボビンケースに入れます。逆に入れると縫い目が形成できないので注意します。

c．ボビンに巻かれた糸をボビンケースに通します。

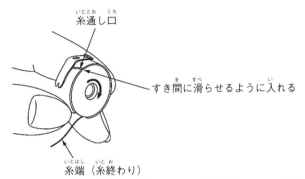

糸通し口

すき間に滑らせるように入れる

糸端（糸終わり）

図 5-1-56　ボビンケースへの糸通し①（図提供：JUKI 株式会社）

　図 5-1-56 のようにボビンをボビンケースに入れたら，糸端（糸終わり）を取り，糸通し口のすき間に滑らせるように入れます。

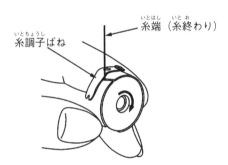

糸端（糸終わり）

糸調子ばね

図 5-1-57　ボビンケースへの糸通し②（図提供：JUKI 株式会社）

　図 5-1-57 のように糸通し口のすき間に入ったら，糸調子ばねの下のすき間に滑らせるように入れます。

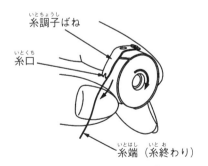

糸調子ばね

糸口

糸端（糸終わり）

図 5-1-58　ボビンケースへの糸通し③（図提供：JUKI 株式会社）

図5-1-58のように糸調子ばねの下のすき間に入ったら，糸口の下方向へ引きながら滑らせます。

糸口

糸端（糸終わり）

図5-1-59　ボビンケースへの糸通し④（図提供：JUKI株式会社）

　糸調子ばねの下を通って糸口に引き出したら，糸が引き出せるか，図5-1-59のボビンに示す矢印のとおりにボビンが回転するか確認します。
　　・ボビンケースの糸口から糸が引き出せるか確認します。
　　・ボビンが正しい向きで回転するか確認します。
　ボビンケースへのボビンのセット，糸通しが完了したら，この段階で張力の測定と下糸張力の調整を行います。
　　下糸張力の調整は前述の通りです。ボビンがボビンケースへ正しくセットされていないと下糸張力の調整も正しく行うことができません。必ず各工程が正しいかを確認し，間違えの無いように作業を行います。また，不具合が発生しうまく調整ができない場合は，もう一度最初の手順から見直します。手順を少し間違えただけで不具合が発生します。毎度前後の手順を確認することを心がけます。
　　・調整がうまくいかない場合は，最初の工程・手順から正しくできているか確認します。
　　・前後の手順を確認しながら焦らずに正しく作業を行います。

d．ボビンケースを下糸釜にはめ込む

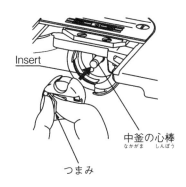

Insert

中釜の心棒
（なかがま　しんぼう）

つまみ

図 5-1-60　ボビンケースの挿入 （図提 供：JUKI 株式会社）

　ボビンケースの下糸張 力 調整後ミシンにセットします。図 5-1-60 のよう
にボビンケースのつまみを持ちながらセットします。

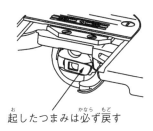

起したつまみは必ず戻す

図 5-1-61　ボビンケース挿 入 後のつまみ

　ボビンケース挿 入 後は，図 5-1-61 のとおりボビンケースのつまみを元の位
置に戻します。

e．下糸釜にボビンケースを入れる際の注 意点
　　下糸釜は見えにくい場所にあるので見やすい 状 態を作り，ボビンケースを
正しく挿 入 できるようにします。また，中釜の心棒にしっかりとはめ込みま
す。ボビンケースが心棒にしっかりとはめ込まれていないとミシン針の折れ，
下糸釜の破損，ミシン糸が絡まるなど，不具合と故障 の原因となります。
　　　・ボビンケースのつまみは必 ず元の 状 態（図 5-1-61）に戻します。
　　　・ボビンケースの挿 入 時に見えにくい場合は，必ず見やすい 状 態にしま
　　　　す。
　　　・ボビンケースを中釜の心棒にしっかりとはめ込み，完全に釜に入ってい
　　　　るか確認します。

・セット状態が正しいか必ず確認します。また不具合が出たら初期状態から見直します。

f．ボビンケースの取り外し方

　ボビンケースの取り外し方ですが，挿入されているボビンケースのつまみを起し，つまみを持ち手にして引き出し，取り出すことができます（図5-1-62参照）。

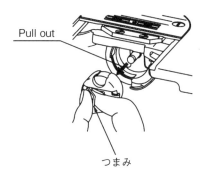

Pull out

つまみ

図5-1-62　ボビンケースの取り外し方（図提供：JUKI株式会社）

③　上糸

1）上糸の通し方

　一般的な本縫いミシンの上糸通しについて説明します。通す箇所が多いので，馴れるまでは説明書を見ながら作業を行います。また糸通し図を作業近辺に貼るなど，間違えにくい環境を作ることも大切です。どうしても不安な場合は，他者に確認してもらうなど，覚えるまで注意しながら作業を行います。

　図5-1-63は一般的な本縫いミシンの上糸通しの全体図です。本縫いミシンでも種類によって違いがあり，「通し箇所が異なるもの」，「図5-1-63と通し付属が異なるもの」もあります。必ず自身の扱うミシンの説明書を確認し上糸通しを行います。

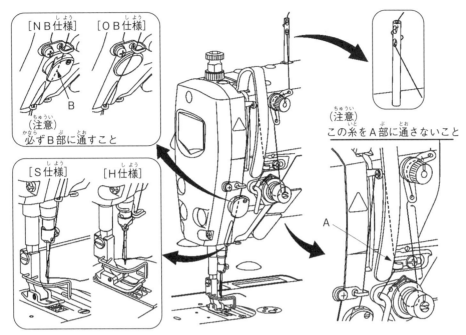

[NB仕様]　[OB仕様]

B

(注意)
必ずB部に通すこと

[S仕様]　[H仕様]

(注意)
この糸をA部に通さないこと

A

図 5-1-63　上糸の通し方全体図（例）（DDL-9000C）（図提供：JUKI 株式会社）

　　上糸を通すことができたら今一度通り道を確認します。糸が正しく通してある
か，糸がどこかで引っかかっていないかについても確認します。糸が引っかかっ
ていると正常な張力をかけることができません（図 5-1-64，図 5-1-65，図
5-1-66，図 5-1-67，図 5-1-68 参照）。

＜上糸通し時の注意点＞
　　・正しく糸通しが行われているか確認
　　・通した糸に引っかかりが無いか確認

図 5-1-64　上糸の通し方（本体）（図提 供 ：JUKI 株式会社）

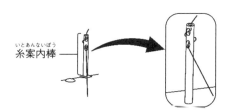

糸案内棒

図 5-1-65　上糸の通し方（糸案内棒）（図提 供 ：JUKI 株式会社）

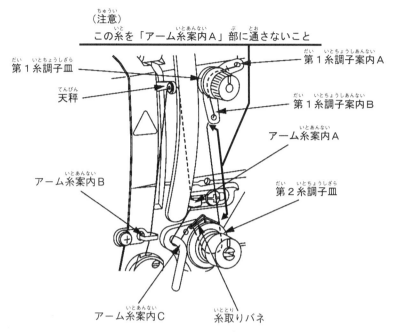

図 5-1-66　上糸の通し方（糸調子案内，糸調子皿，アーム糸案内，糸取りバネ，天秤）
（図提供 ：JUKI 株式会社）

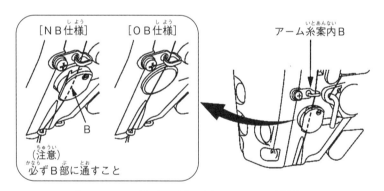

図 5-1-67　上糸の通し方（アーム糸案内）
（図提供 ：JUKI 株式会社）

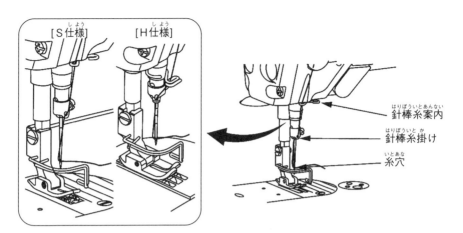

図 5-1-68　上糸の通し方（針棒糸案内，針棒糸掛け，糸穴（ミシン針））
（図提供：JUKI 株式会社）

　　上糸の通し方を理解します。図 5-1-64 や図 5-1-68 では，押え金が下がった状態となっています。押え金が下がっていると上糸の張力がかかった状態となり，上糸が引き出し難いので，図 5-1-69 のように上糸通しの際は必ず押え金を上げた状態にして，糸通しを行います。

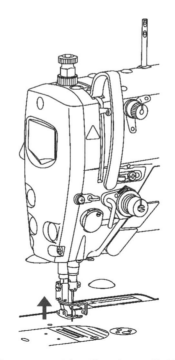

図 5-1-69　押え金を上げた状態

④ **自動糸切装置の糸残り調整・上糸の張力調整**

　　下糸と同様に上糸も適正な糸調子に調整します。主に上糸の張力調整に使用するのは第2糸調子ナットとなります。第1糸調子ナットは，自動糸切装置使用時の針先の糸残り距離調整となります（図5-1-70参照）。

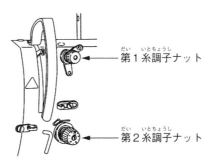

図5-1-70　第1糸調子ナット，第2糸調子ナット（図提供：JUKI株式会社）

　　[第1糸調子ナット]

　　　　針先の糸残り距離調整に使用します（図5-1-71参照）。
　　　　　　・時計回りに回転（締める）　→　糸切装置使用後の針先糸残りが短くなる
　　　　　　・時計回りに逆回転（緩める）　→　糸切装置使用後の針先糸残りが長くなる

　　[第2糸調子ナット]

　　　　上糸張力の調整に使用します（図5-1-71参照）。
　　　　　　・時計回りに回転（締める）　→　上糸の張力が強まる
　　　　　　・時計回りに逆回転（緩める）　→　上糸の張力が緩まる

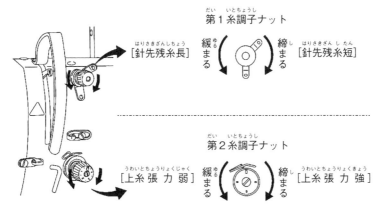

図5-1-71　糸調子ナットの使用方法（図提供：JUKI株式会社）

　　上糸の張力調整について説明しました。上糸と下糸の張力のバランスをとることが重要です。縫製する素材によって適正値が変化します。素材に合わせ，

そのつど糸調子の調整と確認作業を行います。

(4) 押え

① 押え圧力の調整

　　押え圧力とはミシンの押え金が針板方向にかける力のことです。この上から挟み込む力により縫製材料がバタつかず安定した送り運動が可能となります。押える力は縫製素材の厚みや硬さによって調整する必要があります。押え圧力が縫製素材にとって適正値でないと，送り運動が阻害され縫製素材を送り出すことが困難になります。

　　一般的に厚い布地，針の通りにくい布地は押え圧力を強くし，薄い布地，伸びのある布地は軽く押えるように調整します。また高速で縫う時や，布の進みぐあいが悪い時は，押えの圧力を強くすると縫い目が安定します。

　　[押え圧力を強くする場合]
　　　・厚い布地
　　　・針の通りにくい布地
　　　・高速で縫製するとき
　　　・縫製素材の進みぐあい（送りぐあい）が悪いとき

　　[押え圧力を弱くする場合]
　　　・薄い布地
　　　・伸びのある布地

　　押え圧力の調整は，天秤の上部にある押え圧力調整ネジで調整します（図5-1-72参照）。普通の布地の場合は，アーム上面からネジの頂点まで32～29mm程度ですが，S仕様（普通地仕様），H仕様（厚物仕様）などの設定により高さの標準値も変わります。

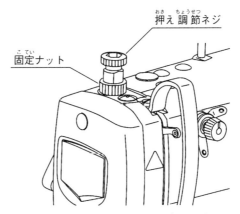

固定ナット　　押え調節ネジ

図5-1-72　押え調節ネジ・固定ナット（図提供：JUKI株式会社）

押え調節ネジは図5-1-72の通りです。下に付いている固定ナットで動かないよう固定されています。調整する際は固定ナットを緩め，押え調節ネジでネジの高さを調整し求める押え圧力になるよう調整します。調整が完了したら固定ナットを締め，押え調節ネジを動かないように固定しましたら調整完了となります（図5-1-73参照）。

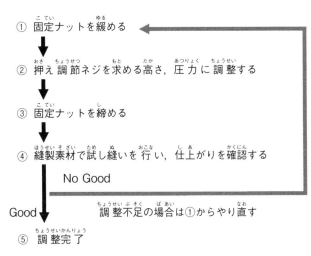

① 固定ナットを緩める

② 押え調節ネジを求める高さ，圧力に調整する

③ 固定ナットを締める

④ 縫製素材で試し縫いを行い，仕上がりを確認する
　　　　　　No Good

Good

調整不足の場合は①からやり直す

⑤ 調整完了

図5-1-73　押え圧力の調整作業（手順）

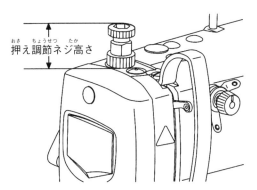

図5-1-74　押え調節ネジ高さ（図提供：JUKI株式会社）

　図5-1-74に示すとおり，押え調節ネジの高さを目安に圧力調整を行います。また押え圧力の標準値を以下に示します。
　・普通地仕様標準値　高さ(31.5〜29mm)　押え圧力(40〜45N(4〜4.5kg)位)
　・厚物仕様標準値　　高さ(31.5〜28mm)　押え圧力(50〜60N(5〜6kg)位)

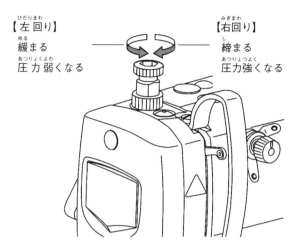

【左回り】
緩まる
圧力弱くなる

【右回り】
締まる
圧力強くなる

図 5-1-75　押え調節ネジ回転方向（図提供：JUKI 株式会社）

　図 5-1-75 のとおりに調節ネジを調整し，圧力調整します。また，先にも説明していますが，固定ナットを緩めないと調整ネジが動かないので必ず固定ナットを緩めて調整を行います。

　また，ミシン調整時はミシンの不意の起動による事故を防ぐために，必ず電源を切り，モーターの回転が止まったことを確認してから作業を行うよう徹底します。

　押え調節ネジの高さと，押え圧力の目安を図 5-1-76 に示します。

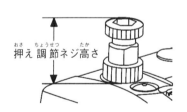

押え調節ネジ高さ

※ 1 kg ＝9.8N

押え圧力	押え調節ネジ高さ
2 kg （19.6N）	40.0mm
3 kg （29.4N）	36.5mm
4 kg （39.2N）	32.0mm
5 kg （49.0N）	29.0mm

一般的な
押え圧力

図 5-1-76　押え調節ネジ高さと圧力 （例）（図表提供：JUKI 株式会社）

　押え圧力と押え調節ネジ高さは目安なので，調整作業は縫製物を確認しながら行います。

② **押え上げ・レバー操作**

　ミシン本体後方に押え上げレバーが取り付けてあります。押えを上げる場合はレバーを上方に上げることで押えが上がります。

押え上げレバー通常位置
押え金は下がっている

図 5-1-77　押え上げレバー通常位置

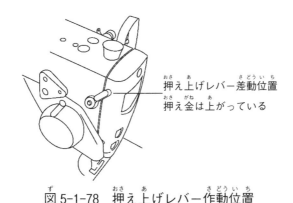

押え上げレバー差動位置
押え金は上がっている

図 5-1-78　押え上げレバー作動位置

　図 5-1-77 の押え上げレバーが下がっている状態から，図 5-1-78 の押え上げレバーを操作し上に上げることで，ミシンの押え金が上に上がります。押え上げレバーを使用する時は必ず上方で固定されるまで押し上げます。押え上げレバーの操作を行うことで，ミシン運動時に布を入れず空運転することができるようになり，ミシン調整（上糸通し，下糸巻き等）を行うことができます。

　また，前記のように押え上げレバーの付いていないミシンやタッチパネルでの電子操作ミシンもあります。使用するミシンの取り扱い説明書を確認し，操作方法を確認します。

③　**押え上げ・膝上げ装置**

　縫製作業中は主に膝上げ装置を使用します。

　ミシンの高さと，膝上げ装置の位置が作業者に適した調整がされていれば，ミシンに座った時に，膝上げ装置の膝あてが右膝に当たります（図 5-1-79 参照）。

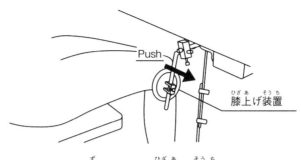

図 5-1-79　膝上げ装置

　図 5-1-80 のように，膝で膝当てを右に押すと，膝当ての動きに連動してミシンの押え金が上がります。膝を元の位置に戻すと，押え金も下がり，元の位置に戻ります。

　　　・膝当て装置作動無し　＝　ミシン押え金下がっている（静止）
　　　・膝当て装置作動　　　＝　ミシン押え金上がる（運動）
　　　・膝当て装置戻す　　　＝　ミシン押え金下がる（運動）

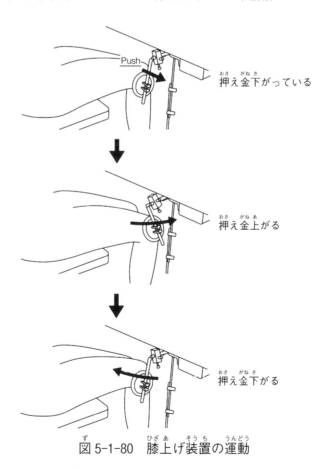

図 5-1-80　膝上げ装置の運動

膝当て装置は使用頻度の高い装置です。必ず作業者の作業動作，位置に合った調整を行います。

4．工業用ミシン（本縫いミシン）の主な縫い不良と原因

工業用ミシン（本縫いミシン）での縫い不良で主に発生する現象について説明します。不良の原因を知ることで，より具体的で適切な対策，対処を取ることができます。

(1) パッカリング

図5-1-81のように縫い目に発生するシワのことです。シワの出方に強弱も発生します。デザインとして，意図してパッカリングを求められることもあります。通常の製品であれば不良となります。パッカリングが発生しないよう注意が必要です。

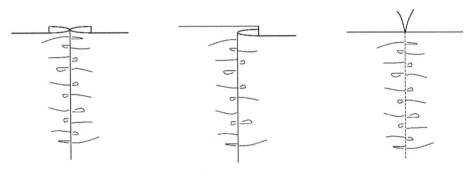

図5-1-81　様々な縫い目のパッカリング

① 主なパッカリングの原因

1）滑りやすい布地の場合

　　（原因：ミシン針や縫製糸の摩擦力で生地が引っ張られ生じる）

　　＜改善・対策＞

・押え圧力を強く調整する

・ミシン針を細いものに交換し使用する

・ミシン針の先が鋭いものに交換し使用する

・ミシン針を摩擦力の少ないものに交換し使用する

・縫製糸を細いものに交換し使用する

・縫製糸を摩擦力の少ないものに交換し使用する

・針穴の小さい針板に交換し使用する

2）押え圧力が強すぎる場合

（原因：押え圧力とミシンの送り歯の均衡が取れず生じる）

　　＜改善・対策＞

　　・押え圧力を弱く調整する

　３）布地が薄く，糸の張力が強い場合

　　　　（原因：縫製糸の張力に布地が負け，押し縮められ生じる）

　　＜改善・対策＞

　　・上糸・下糸の糸張力を弱く調整する

　　・ミシン針を摩擦力の少ないものに交換し使用する

　　・ミシン針を細いものに交換し使用する

　　・縫製糸を細いものに交換し使用する

　　・縫製糸を摩擦力の少ないものに交換し使用する

　　・針穴の小さい針板に交換し使用する

　４）針が太すぎる，針先が丸く変形・摩耗している場合

　　　　（原因：ミシン針や縫製糸の摩擦力で生地が引っ張られ生じる。または，布組織の空隙が少なく組織が縫い針や縫製糸で押し広げられ生じる）

　　＜改善・対策＞

　　・ミシン針を細いものに交換し使用する

　　・ミシン針の先が鋭いものに交換し使用する

　　・ミシン針を摩擦力の少ないものに交換し使用する

　　・縫製糸を細いものに交換し使用する

　　・縫製糸を摩擦力の少ないものに交換し使用する

　５）針棒，送り，釜の運動タイミングが狂っている場合

　　　　（原因：ミシン運動の動作が合わず，布地が縮められた状態で縫製され生じる）

　　＜改善・対策＞

　　・ミシン運動を適正に調整する

　６）上糸，下糸の張力が強すぎる場合

　　　　（原因：縫製糸の張力で布地が押し縮められ生じる）

　　＜改善・対策＞

　　・上糸・下糸の糸張力を弱く調整する

　　・ボビン糸巻時（下糸）の張力が適正か確認・調整する

②　ミシンや縫い品質以外でパッカリングが発生する原因

　１）布地収縮差（緩和収縮・膨潤収縮）による場合

（原因：緩和収縮・膨潤収縮により生じる。または，布地組織の方向違いの組み立てによる収縮差により生じる）

<改善・対策>

・タテ地の目とヨコ地の目通しで縫い合わせをしない

・布地収縮の物性改善

　パッカリングの発生が，縫製機器，用具の原因でなければその場での改善は困難です。問題の原因を的確に抽出し，現時点で改善可能かの可否を確定させることが重要です。発生原因が特定されないとその後の縫製物もパッカリングを発生させる可能性が高くなります。縫製物に欠点を発見したら作業を止め，原因を分析し改善作業を行います。また自身での改善が難しい場合は，ライン長，工場長へ問題の発生を報告し，改善作業を行います。

⑵　ヨタレ

　縫い目が不規則なものを「ヨタレ」といいます。ミシンの不調，針先潰れ，操作不良，調整不良等で発生します。

　図5-1-82のように縫い目が不規則な状態がヨタレです。糸の締りが緩く，また布地組織に直線的に針が落ちず，縫い目がガタ付いている状態です。

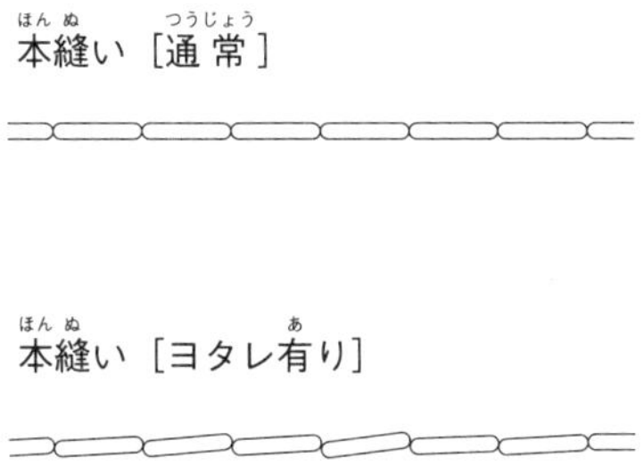

本縫い［通常］

本縫い［ヨタレ有り］

図5-1-82　本縫い（通常）・本縫い（ヨタレ有り）

①　ヨタレの原因

　1）針先が潰れ丸くなっている，針先が摩耗して丸くなっている場合

　　　（原因：布地組織に安定して縫い針が貫通せずに生じる）

　　<改善・対策>

　・ミシン針を新しいものに交換し使用する

　2）厚い布地などで，押え圧力が弱い場合

　　　（原因：布地組織に安定して縫い針が貫通せずに生じる）

　　<改善・対策>

　・押え圧力を強くし，ミシン運動を安定させる

３）細い針に太い糸をつけた場合
　　（原因：縫い針が細く，縫製糸の太さに適正な針穴でなく生じる）
　＜改善・対策＞
・太い糸に合わせてミシン針を太くする
・細い針に合わせてミシン糸を細くする

　　ヨタレについて説明しました。そのほかにも縫製機械が原因で起こる不良は様々にあり，また不良要因も多岐にわたります。作業中に何かおかしいと感じることがあれば放置せずに必ず報告します。また機械の不良・不調は不良品を発生させるだけでなく，ケガ等の危険性もあります。問題が生じた際は，冷静になり，客観的に対処を行います。
　　縫製機械は使用前に都度適正に調整していれば不良が起こる可能性は低くなります。ミシン作業の現場では一日の作業中で数回機器を検査する時間が設けられている場合が多く，時間経過により発生する不調を防ぐことにより不良品が発生しないように現場を管理しています。ひと手間ではありますが，これらの管理体制により効率的に無駄なく組み立て作業を行うことができます。

(3) 縫い目と縫製仕様

　　縫い目について簡単に説明します。図 5-1-83 は「本縫いミシン」の縫い目構造図です。上糸，下糸が交差し通り抜ける部分を「レーシング位置」と呼び，このレーシング位置が生地の厚みの中間点にある状態が良い縫い調子と言われます。上糸，もしくは下糸の張力が強いとレーシング位置が中間よりズレ，均衡が取れた状態ではなくなります。均衡が取れていないと縫い目強度が低下し，解けやすくもなります。

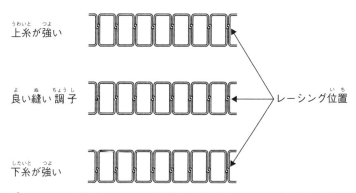

図 5-1-83　本縫いミシン構造と糸調子による状態の違い

⑷ 裁ち端の処理

　図5-1-84は本縫いミシンで主に使用される縫製仕様図です。大きく2つの分類として，「裁ち端を遊ばせて処理する方法」と，「裁ち端を包み処理する方法」があります。図5-1-84では「割り」と「片倒し」が裁ち端を遊ばせて処理する方法に分類されます。裁ち端がほつれない生地であれば，図5-1-84のとおり裁ち切りでも良いです。ほつれる生地であればロックミシンで処理されることが一般的です。図5-1-84の「割り」と「片倒し」以外の仕様は，裁ち端が包まれ処理されることでロックミシンを必要とせず組み立て可能となります。

　　・裁ち端を遊ばせて処理する方法（割り，片倒し）
　　・裁ち端を包み処理する方法（折伏せ，袋縫い，三つ折り）

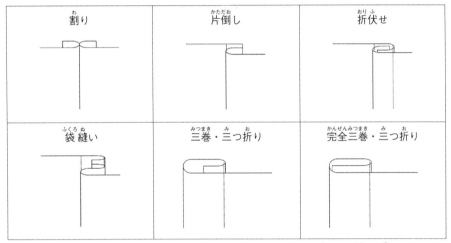

図5-1-84　本縫いミシンで主に使用される縫製仕様の図

　一般的な衣類では，本縫いミシンのみですべての組み立て工程を行うことはあまりなく，ロックミシンや各種ミシンと付属品を用いて組み立てることが多数派です。生産効率を高め，安定した品質を求め続けたことで，工業用ミシンや縫製仕様，工程管理は進化してきました。

5．工業用ミシン（環縫いミシン）

　衣服製造には本縫いミシン以外にも数多くのミシンを使用することになりますが，その中に，縫い目構造に編み構造を有するものがあります。繊維業界では，編み構造を有する縫い目は「環縫い」と呼ばれており，複雑で立体的な縫い目となります。本縫いミシンと違いボビンを必要としないため，糸交換によるロスが少なくでき，縫製効率が良

い特徴があります。
　また，糸のゆるみを出しやすいので，生地伸びへの追従性が高く編地やカットソーに
よく用いられます。

(1)　ステッチの構造

図5-1-85　チェーンステッチ構造

　図5-1-85は環縫いの一つで，チェーンステッチの構造です。チェーン構造を有す
るステッチの中でも，こちらは1本の糸のみで構成され最も単純なステッチ構造で
す。環縫いでは1本以上の針と糸を使用しますが，糸や針の本数に限らず構造の複
雑性が増しても，輪形状をつくり通り抜ける原理は同一のものです。
　また，輪形状に糸が通り抜けることを「ルーピング」と呼びます。

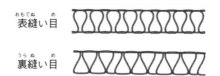

表縫い目
裏縫い目

図5-1-86　1本針3本糸ロックミシンのステッチ構造

　図5-1-86はロックミシンのステッチ形状です。1本の針と3本の糸で構成されて
います。使用する針の本数や糸の本数が増えることで数多くの種類があります。ロッ
クミシンもルーピングを利用した縫い目構造です。用途は，地縫いとしてカットソー
製品への使用や，裁ち端の処理として布帛製品でも使用されます。ある程度の伸度追
従性が期待できるのも特徴です。

（2）　環縫いの縫い目

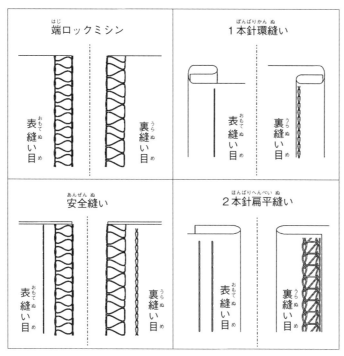

図 5-1-87　主な環縫いミシンの縫い目の図

　図 5-1-87 は環縫いミシンで主に使用される縫い目の図です。
　補足説明をしますと、「端ロックミシン」は、裁ち端をほつれないように処理します。
「1 本針環縫い」は、三巻始末をチェーンステッチで処理しており、デニムパンツの
裾端に用いられる仕様です。「安全縫い」は、ロックミシンと 1 本針環縫いが平行して
入る縫い目構造で、地縫いと端処理が一工程できます。「2 本針扁平縫い」は、針間を
糸が跨ぐ構造で、裁ち端を隠しながら縫い押えができますので、主にカットソー製品
の袖口や裾口に用いられます。
　環縫いミシンはカットソー製品に用いられることが多く、種類も豊富ですが、生地
伸度や、衣服構造線により、適したミシンも変わってきます。

(3) カットソーに用いられる主な仕様

次はカットソーに用いられる主な仕様について説明します。

① ロックと扁平縫い

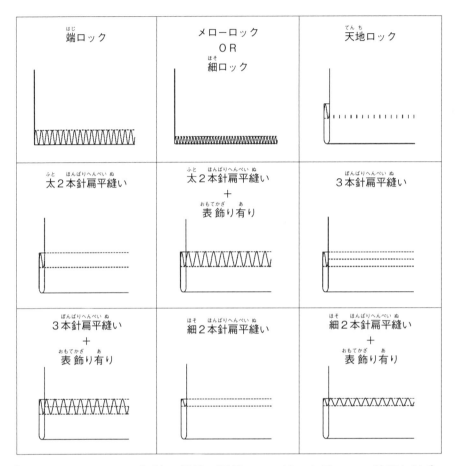

図5-1-88　カットソー製品の裾口や袖口などで主に使用される縫製仕様図①

図5-1-88はカットソー製品の裾口や袖口などで主に使用される縫製仕様の図です。デザインや生地伸度によって使い分けます。下着類は端始末に薄さを求められることが多いので折る始末は選ばず、「ロック始末」などで始末されます。また素材特性を生かし、裁ち端のほつれ止め処理がなされ、一見して裁ち切りのような始末も開発されています。

「偏平縫い」のルーパー糸は裁ち端始末としての機能がありますが、飾りとして表側にルーパー糸を追加することもあります。用途としては飾り糸なので「表飾り」や「表振り」、「両面振り」などと呼ばれます。ステッチ構造としては裏面の

— 150 —

ルーパー糸が無いと成立しない縫い目ですので，名称は「表飾り」であることが望ましいですが，「表振り」や「両面振り」も一般的に通称として使用されています。指示があいまいな場合は，必ず確認を行い作業に取りかかります。

② バインダーとダブル付け

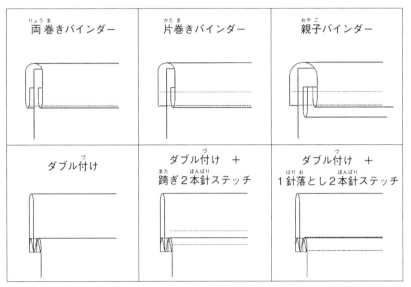

両巻きバインダー　片巻きバインダー　親子バインダー

ダブル付け　ダブル付け ＋ 跨ぎ2本針ステッチ　ダブル付け ＋ 1針落とし2本針ステッチ

図5-1-89　カットソー製品の裾口や袖口などで主に使用される縫製仕様図②

　図5-1-89はカットソー製品の衿ぐり，裾口，袖口などで主に使用される縫製仕様の図です。「バインダー」と「ダブル付け」に使用する生地は，身頃本体と同じ生地を使用する場合もありますし，別素材を使用することもあります。主にフライス編（リブ編）などの伸度が高いものや，スパンテレコ（スパンリブ）などの伸度と伸長回復性の高いものを使用することが多いです。別素材を使用する理由は，衿ぐり，裾口，袖口部分のヨレや伸びによる変形を防ぐため，また肌への密着性を高めるためなどです。「バインダー」と「ダブル付け」のパーツは，付け寸より短く設定し伸ばし付けることが大多数となっています。これは，前述した別素材を使用する理由でもあり，ヨレ防止や密着性を高めることを目的としています。

③ **継ぎ目の縫製仕様**

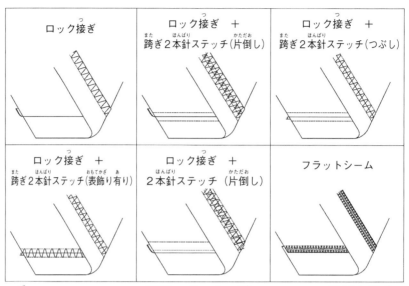

図5-1-90　カットソー製品の接ぎ目で主に使用される縫製仕様図

　図5-1-90はカットソー製品の接ぎ目で主に使用される縫製仕様の図です。縫い代の特徴を，主として1）「片倒し」，2）「つぶし」，3）「重ね」に区別することができます。

　前提として，

1）「片倒し」の地縫いは，1本針ロックと2本針ロックどちらでも可能ですが，推奨される地縫いは1本針ロックです。

2）「つぶし」の地縫いは，1本針ロックを推奨します。

3）「重ね」の地縫いは，2本針偏平縫いや3本針偏平縫いでも似たような縫い目形状を表現できますが，ここでは4本針偏平縫いを推奨します。

　＜図5-1-90は＞

・「片倒し」の地縫いは1本針ロックもしくは2本針ロック

・「つぶし」の地縫いは1本針ロック

・図5-1-90の「ロック接ぎ＋跨ぎ2本針ステッチ（表飾り有り）」はつぶし

・「重ね」は4本針偏平縫いに限定する

・図5-1-90の「フラットシーム」は4本針偏平縫い

　上記の1）から3）の3点をふまえ図5-1-90の縫製仕様図を1）「片倒し」，2）「つぶし」，3）「重ね」の3種類に分別してみます。

1）片倒し

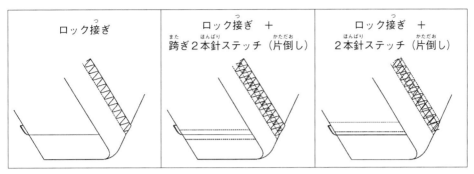

図 5-1-91　図 5-1-90 の「片倒し」の縫製仕様図

2）つぶし

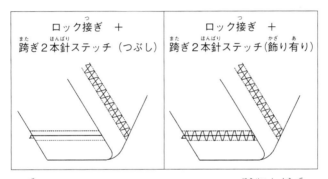

図 5-1-92　図 5-1-90 の「つぶし」の縫製仕様図

3）重ね

図 5-1-93　図 5-1-90 の「重ね」の縫製仕様図

縫い目と縫製仕様について説明しました。本縫いミシンの説明は先に行いましたが，本縫いミシンの縫い目と縫製仕様についてはイメージしやすかったと思います。本縫いミシンは「レーシング」することで作られる縫い目ですが，チェーンステッチやロックミシンなどの「ルーピング」することで作られる縫い目は「環縫い」と呼ばれます。

- ・レーシング　糸が他の糸，または他の糸のループと交差または通り抜けること
- ・ルーピング　糸の一つのループが同じ糸のループ，または他の糸のループを通り抜けること

6．工業用ロックミシン

　環縫いですが，チェーンステッチやロックミシンも専用のミシンが存在します。その中でも活用頻度の高いロックミシンについて説明します。

　工業用ロックミシンは，布帛，編地共に良く使用されます。縫い目に求める機能や仕上がりによって，「1本針3本糸」，「2本針4本糸」を使い分けます。安全縫いもロックロックミシンと同様の構造を有します。

(1) 縫い目構造

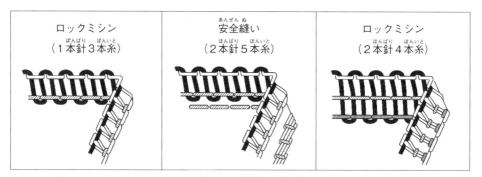

| ロックミシン（1本針3本糸） | 安全縫い（2本針5本糸） | ロックミシン（2本針4本糸） |

図5-1-94　ロックミシン縫い目構造（図提供：JUKI株式会社）

　縫い目構造は，図5-1-94のとおり「ルーピング」が規則的に連続しています。次に，工業用ロックミシンの全体を見てみます。

(2) ロックミシンの各部の名称

　図5-1-95は工業用ロックミシンの外観と各部の名称です。本縫いミシンとロックミシンでは形状の違いはありますが，類似点も見てとれます。見た目として判断しやすい違いは，糸立ての本数が多いこと，ペダルが二つ付いていることです。

ロックミシンは使用する糸の本数が多くなるため，糸立てもそれに合わせて多くなります。また，ボビンやボビンケースを使用しないので，本縫いミシンにはあった下釜はありません。ボビンでは少量の糸しか巻くことができませんが，糸立てに2700m程度の大容量の糸を設置できますので，糸交換による時間損失を軽減することができます。

ロックミシンは，生地を裁ち落とす刃物が上下に取り付けられており，裁ち落としながら縫製することができます。取り付けられている上側の刃物を上メス，下側の刃物を下メスと呼びます。上メスの上下運動で生地を裁ち落としますが，運動を停止することもできますので，裁ち落したくない，または裁ち落とす必要がない場合は，上メスの上下運動を停止させます。

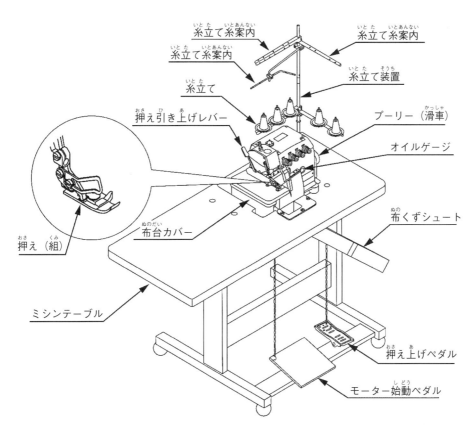

図 5-1-95　工業用ロックミシン各部名称①（図提供：JUKI 株式会社）

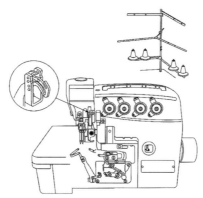

図 5-1-96　工業用ロックミシン（図提供：JUKI 株式会社）

　図 5-1-96 は工業用ロックミシンの拡大図です。メーカーや品番により多少違いがあります。必ず使用するロックミシンの取扱説明書を確認し，内容にそって取り扱います。

　ロックミシンは使用する糸の本数が多いため，使用できる糸の本数分，糸調子皿が付いています。図 5-1-96 では最大 4 本の糸を使用できるため，糸調子皿も 4 個であり，針糸用が 2 つ，ルーパー糸用が 2 つです。1 本針 3 本糸の場合は「1 本針ロック」，2 本針 4 本糸の場合は「2 本針ロック」となります。

・1 本針ロック　→　1 本針 3 本糸　→　針糸 1 本・ルーパー糸 2 本
・2 本針ロック　→　2 本針 4 本糸　→　針糸 2 本・ルーパー糸 2 本

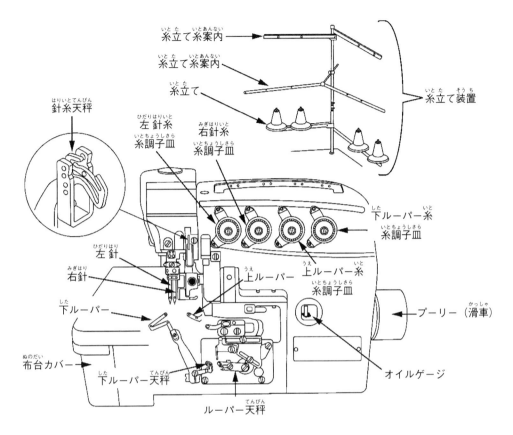

糸立て糸案内
糸立て糸案内
糸立て
糸立て装置
針糸天秤
左針糸 糸調子皿
右針糸 糸調子皿
下ルーパー糸 糸調子皿
左針
右針
上ルーパー
上ルーパー糸 糸調子皿
下ルーパー
プーリー（滑車）
布台カバー
下ルーパー天秤
オイルゲージ
ルーパー天秤

図 5-1-97　工業用ロックミシン各部名称②（図提供：JUKI 株式会社）

　図 5-1-97 にて各部名称を記しました。最大針糸を 2 本，ルーパー糸を 2 本使用しますので，必ず求める組み合わせに糸を通す必要があります。縫い目構造に合った選択と設定を行います。

(3)　糸通し

　糸通しは，使用する針糸と上ルーパー糸，下ルーパー糸に必ず通す必要があります。1 本針もしくは 2 本針といったように，針の本数，つまり針糸の本数は選択できるのに対して，ルーパー糸は，上ルーパー糸，下ルーパー糸両方が必ず必要です。上下どちらもルーパー糸を通していないと縫い目が作りだせません。必ず上ルーパー糸と下ルーパー糸の糸通しを確認します。また，先に説明したロックミシンの縫い目構造を見直すと縫い目構造とミシンの理解が早いので，併せて確認します。
　次にロックミシンの糸通しについて説明します。

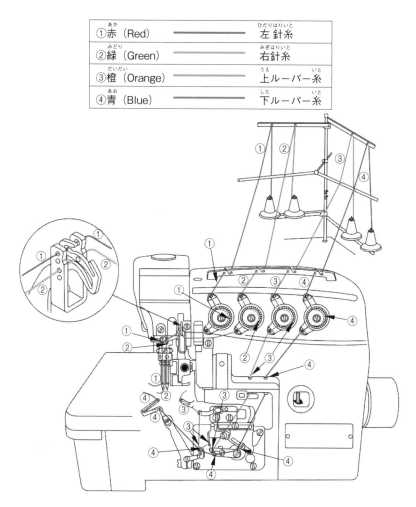

①赤（Red）	———	左針糸
②緑（Green）	———	右針糸
③橙（Orange）	———	上ルーパー糸
④青（Blue）	———	下ルーパー糸

図 5-1-98　工業用ロックミシン糸通し図（2本針4本糸）（例）
（図提供：JUKI 株式会社）

　図 5-1-98 は糸通し図です。糸の通し方を間違えると「目とび」や「糸切れ」の原因になります。また正しく縫い目が作り出せないばかりか，ミシンの破損や故障の原因にもなるので注意します。

　ロックミシンは糸通しの箇所も本数も多いので，馴れるまでは糸通しに時間もかかります。最初のうちは，正しく糸通しができるように確認しながら行います。また糸通し作業が正しくできているか他の人に確認してもらいます。

　次は具体的な機種での，ロックミシンの糸通し手順を見てみます。

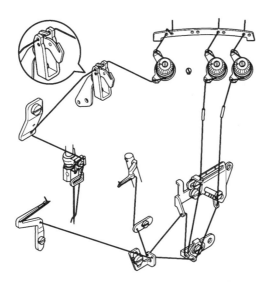

図5-1-99　工業用ロックミシン糸通し手順①（例）（MO-6804D）
（図提供：JUKI株式会社）

　図5-1-99は1本針ロックミシン（JUKI株式会社　MO-6804D）の糸通し手順です。1本針3本糸なので，針糸が一本になっています。2本針ロックになれば針糸が2本になります。

　工業用ミシンは縫製物の厚みや物性ごとに，専用ミシンの使用が推奨されます。きれいで安定した縫い目の維持には，縫製する素材に合わせミシン調整を行うので，調整されたミシンは，素材や用途が限定されることになります。そのためミシンメーカーも縫製現場も多種のミシンを取り扱うことになります（図5-1-100，図5-1-101，図5-1-102，図5-1-103参照）。

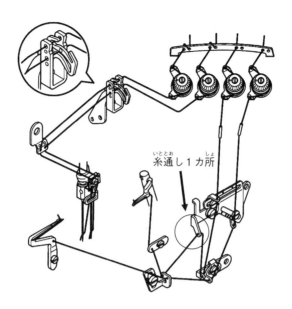

糸通し1カ所

図 5-1-100　工業用ロックミシン糸通し手順②（2本針4本糸）（例）（MO-6814D）
（図提供：JUKI 株式会社）

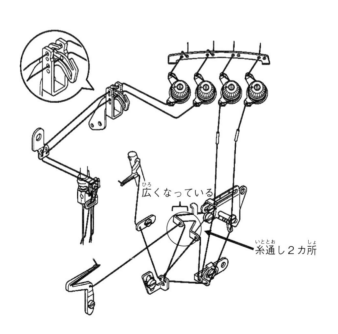

広くなっている

糸通し2カ所

図 5-1-101　工業用ロックミシン糸通し手順③（2本針4本糸）（例）
（MO-6814D-△△△-44H）（図提供：JUKI 株式会社）
（素材区分：セーターなどニット専用，用途分類区分：テープ入れ仕様，特別機械区分：標準）

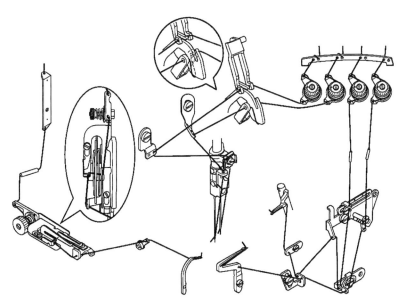

図 5-1-102　工業用ロックミシン糸通し手順④（2本針5本糸インターロック縫い）（例）
（MO-6816D）（図提供：JUKI株式会社）

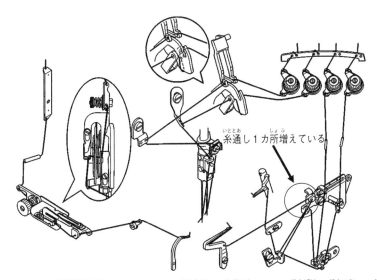

糸通し1カ所増えている

図 5-1-103　工業用ロックミシン糸通し手順⑤（2本針5本糸）（例）
（MO-6816D-△△△-50H）（図提供：JUKI株式会社）
（素材区分：デニムなどの中厚物〜厚物，用途分類区分：標準，特別機械区分：標準）

（4）　糸調子

　　糸調子は，布の種類と厚さ，縫い目長さ，縫い目の幅などに応じて適切な調整が

必要になります。また，個別に糸調子ナットも調整が必要になります。

　糸調子ナットは糸調子皿の上についており，回転するようになっています。ナットを時計方向に回すと糸調子が強くなり，逆方向に回すと弱くなります（図5-1-104参照）。

　　　　・糸調子ナットを時計回りに回す　→　糸調子が強くなる
　　　　・糸調子ナットを反時計回りに回す　→　糸調子が弱くなる

　　　＜糸調子ナット＞
　　　　・糸調子ナット①は，❶の糸を制御する
　　　　・糸調子ナット②は，❷の糸を制御する
　　　　・糸調子ナット③は，❸の糸を制御する
　　　　・糸調子ナット④は，❹の糸を制御する
　　　　・糸調子ナット⑤は，❺の糸を制御する

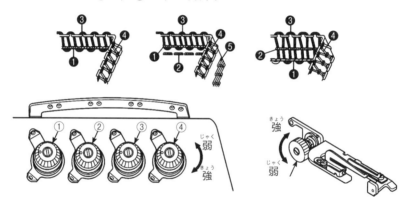

図5-1-104　ロックミシン構造図と糸調子調整方法（図提供：JUKI株式会社）

(5)　針糸長さの調整
　　　針糸の長さの調整は，「針糸天秤」の糸案内を動かすことで調整する。

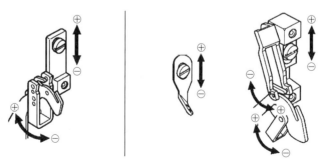

図5-1-105　針糸天秤（左図：MO-6804D，MO-6814D***，右図：MO-6816D***）
（図提供：JUKI株式会社）

図 5-1-105 はミシンごとの針糸天秤の図です。糸案内を矢印の方向に動かすことで調整します。⊕方向は針糸長さが長くなり，⊖方向は針糸長さが短くなります。

　　　・針糸の長さ調整は，糸案内を矢印の方向に調整する
　　　・⊕方向は，針糸長さが長くなる
　　　・⊖方向は，針糸長さが短くなる

(6)　下糸カム糸案内調整

　「カム」とは制御用の円盤のことで，「下糸カム」とは二重環縫いの下糸の動きを制御する円盤のことです。この部分の糸案内を調整することで，下糸の糸供給量を調整することができます。下糸の調整が適正でないと糸のループ形成が不安定になり，糸が過剰に供給されることで発生します。「糸ゆるみ」，「糸たるみ」等の不良や，糸のループ自体が形成されない不良が発生します。

　　　・カム　　　　→　　制御用の円盤
　　　・下糸カム　　→　　二重環縫いの下糸制御用円盤

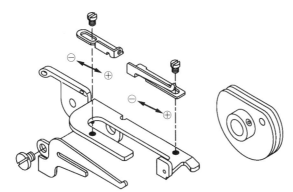

図 5-1-106　下糸カム運動部（図提供：JUKI 株式会社）

　図 5-1-106 は下糸カム運動部の図です。糸案内を矢印の方向に動かすことで調整します。⊕方向は縫製時の糸供給量が増え，⊖方向は縫製時の糸供給量が減ります。

　　　・二重環縫いの下糸供給量の調整には，糸案内を矢印の方向に調整する
　　　・⊕方向は，縫製時の糸供給量が増える
　　　・⊖方向は，縫製時の糸供給量が減る

(7)　針の交換

　ロックミシンの針は必ず専用のもの，または同等のものを使用します。直接針を触らない方が望ましいですが，作業し難い場合は針を手に持って作業します。針はねじで固定されていますので必ずねじを緩めてから，取り付け，または取り外して作

業を行います（図5-1-107参照）。

・ロックミシンの針は必ず専用のもの，または同等のものを使用します。
・針はねじで固定されているので，ねじを緩め取り付け，取り外しを行います。

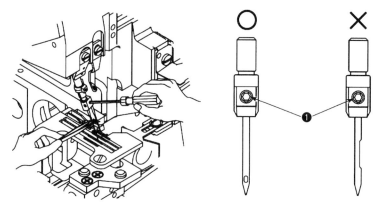

図5-1-107　ロックミシンの針取り付け・取り外し（図提供：JUKI株式会社）

図5-1-107はロックミシンの針取り付け・取り外し図です。ミシンを正面に見たときにミシン針固定用の「ねじ穴」が見えます。図の❶が「ねじ穴」です。針の取り付け向きはエグリが後方になるようにします。（図5-1-108参照）

＜注意点＞
　　1）ミシン針は針のエグリが後方にくるように取り付ける
　　2）ミシン針を奥端までしっかりと差し込む
　　3）ミシン針固定ねじはしっかり締める

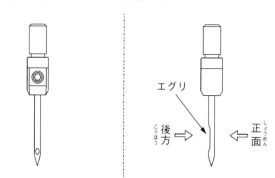

図5-1-108　針取り付け向き（図提供：JUKI株式会社）

(8)　**縫い目長さの調整**
　　縫い目長さとは針間のことです。素材やその他要因により縫い目長さの調整が必要になります。プーリーに目盛りが付いているので，目盛りを基準に調整することになります。

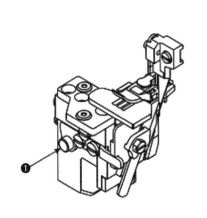
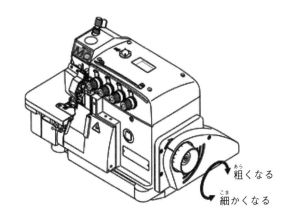

粗くなる

細かくなる

図 5-1-109　縫い目長さの調整（図提供：JUKI 株式会社）

表 5-1-1　プーリーの目盛りと縫い目長さ（例）（表提供：JUKI 株式会社）

最大差動比	プーリーの目盛り	1	2	3	4	5	6	7
1：2	縫い目長さ	0.6	1.13	1.66	2.19	2.72	3.25	3.8

　ミシンの布台カバーを外すと図5-1-109の❶のボタンが確認できます。ボタンを押しながらプーリーを回すとボタンが固定されます。希望の縫い目長さにプーリーの目盛りを合わせ，❶のボタンを放します。

　1）ミシンの布台カバーを外す

　2）❶のボタンを押しながらプーリーを回す

　3）ボタンが固定されたらプーリーの目盛りを合わせる

　4）❶のボタンを放す

　表 5-1-1 は「プーリーの目盛り」と「縫い目長さ」の表です。数値を目安に縫い目長さを調整しますが，希望の縫い目長さになっているか確認するため，必ず試し縫いを行います。

(9)　差動比の調整

　ロックミシンにおける差動とは，伸縮のある素材に対して安定的で綺麗な縫い目を作り出すために，ミシン針の前後で独立した運動ができる送り歯を用意して，運動量を変えることで，伸し縫いと，縮み縫いができるようにした差動送り機能のことです。後ろ側の送り歯より，前側の送り歯の運動量を大きくすれば縮み縫い，逆に送り歯の運動量を小さくすれば伸し縫いになります。差動送り機能を用いることで，伸びやすい生地も縫い目の波打ちが軽減され，綺麗な縫い目を作り出すことができます。

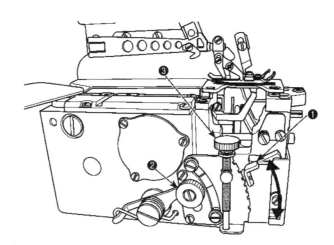

図 5-1-110　差動比の調整（図提供：JUKI 株式会社）

　図 5-1-110 の❷の「差動調整ナット」をゆるめると，❶の「差動調整レバー」が動くようになります。「差動調整レバー」を上に動かすと「伸し縫い」，下へ動かすと「縮み縫い」になります。❶の「差動調整レバー」を少しだけ動かしたい場合は，❸の「微量調節ねじ」を回すことで微調整が可能となります。「差動調整レバー」の位置を確定させたら❷の「差動調整ナット」を締めて完了します。

　　・❶の「差動調整レバー」を上に動かす　→　伸し縫い
　　　後ろ側の送り歯より，前側の送り歯の運動量が小さくなり，伸し縫いとなる
　　・❶の「差動調整レバー」を下に動かす　→　縮み縫い
　　　後ろ側の送り歯より，前側の送り歯の運動量が大きくなり，縮み縫いとなる
　＜手順＞（図 5-1-110 参照）
　　1）❷の「差動調整ナット」を緩める
　　2）❶の「差動調整レバー」を直接動かす，もしくは❸の「微量調整ねじ」を用いて動かす
　　3）位置が確定したら，❷の「差動調整ナット」を締める

⑽　メスの交換

　ロックミシンには生地を裁ち落とすメスが付いています。上下運動する上側のメスを「上メス」，固定されて動かない下側のメスを「下メス」と呼びます。

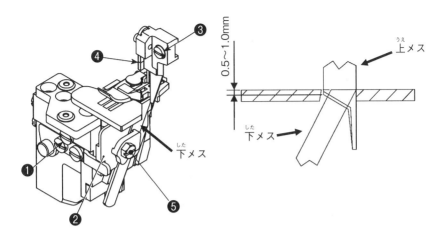

図 5-1-111　メスの交換（図提供：JUKI 株式会社）

＜上メスの交換手順＞（図 5-1-111 参照）

1）❶の「ねじ」を緩め，❷の「下メス取付台」を左に動かす

2）❶の「ねじ」を少し締める

3）❸の「ねじ」を外し，付いている❹の「上メス」を外す

4）新しい上メスを取り付ける

5）❸の「ねじ」を少し締める

6）プーリーを回して「上メス」を下死点まで下げる

7）上メスが下メスと0.5mm〜1.0mm 程度交差するように上メスの高さを調整する

8）❸の「ねじ」を完全に締める

9）❶の「ねじ」を緩め，❷の「下メス取付台」を元の位置に戻す

10）上メスと下メスが糸を正確に切断できるかプーリーをゆっくり動かし動作テストをする

11）動作テストに問題が無ければ❶の「ねじ」を完全に締める

12）プーリーをゆっくり動かし，異変が無いことを確認する

13）電源を入れ動作テスト・試し縫いをする

14）異変・欠点が出ていないことを確認する

15）完了

＜単語説明＞

・死点（してん，dead center）：クランク機構で回転力が発生しない点

・上死点（じょうしてん，top dead center ／ TDC）：クランク機構で回転力が

発生しない点で最も高い位置
・下死点（かしてん，bottom dead center ／ BDC）：クランク機構で回転力が発生しない点で最も低い位置

＜下メスの交換手順＞（図5-1-111参照）

1）❶の「ねじ」を緩め，❷の「下メス取付台」を左に動かす
2）❶の「ねじ」を少し締める
3）❺の「ねじ」を緩め，付いている「下メス」を外す
4）新しい下メスを取り付ける
5）下メスの刃が針板上面に一致するようにしたメスの刃を調整する
6）調整後，❺の「ねじ」を完全に締める
7）❶の「ねじ」を緩め，❷の「下メス取付台」を元の位置に戻す
8）上メスと下メスが糸を正確に切断できるかプーリーをゆっくり動かし動作テストをする
9）動作テストに問題が無ければ❶の「ねじ」を完全に締める
10）プーリーをゆっくり動かし，異変が無いことを確認する
11）電源を入れ動作テスト・試し縫いをする
12）異変・欠点が出ていないことを確認する
13）完了

　メスは刃物で人身損傷の危険があります。必ずミシンの電源を切り，モーターの回転が止まったことを確認してから作業に取りかかります。危険を伴う作業箇所には警告表示があります（図5-1-112参照）。警告表示に従い，身の回りを整理整頓し，急がず落ち着いて作業を行います。

⚠️警告　ミシンの不意の起動による人身の損傷を防ぐため、電源を切り、モータの回転が止まったことを確認してから行ってください。

図5-1-112　工業用ミシンの警告表示

⑾　針の高さの調整

　ロックミシンの縫い目は，針糸とルーパー糸で作り出されますが，双方の動作が合わないと縫い目が正しく作り出せず，目飛びの発生，ミシン本体の故障の原因になります。原因が針の高さにあるのであれば針の高さを調整する必要があります（図5-1-113参照）。

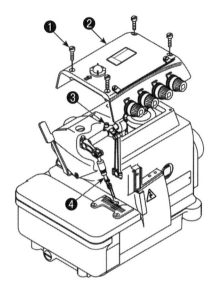

図 5-1-113　針の高さ調整（図提供：JUKI 株式会社）

＜針の高さ調整手順＞（図 5-1-113 参照）

　　1）プーリーを手で回し，針を最上部の位置まで上げる
　　2）❶の「ねじ」×4か所を緩め，❷の「上カバー」を開けて外す
　　3）❸の「ねじ」を緩め，❹の「針棒」を設定したい高さまで動かす
　　4）❹の「針棒」の調整完了後，❸の「ねじ」を締める
　　5）❷の「上カバー」を閉じ，❶の「ねじ」×4か所を締める
　　6）完了

　縫製作業者自身で針の高さ調整を行うことは少ないと思いますが，不具合の原因を探るうえで必要な知識の一つです。針の高さによって生じる不具合に限らず，縫い目やミシンに違和感があれば，必ず管理担当者に報告します。

⑿　押え金の調整
①　押え位置の調整，押え圧力調整

　本縫いミシンと同様に，ロックミシンにも押え金が付いています。押え金があることで，生地を安定して送ることができ，縫い目も安定します。ここで説明する押え位置の調整では，「押え金の位置・角度」と「押え金の圧力調整」について説明します（図 5-1-114 参照）。

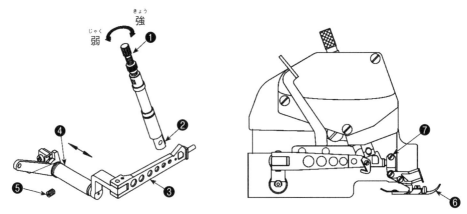

図 5-1-114　押え金の調整（図提供 ：JUKI 株式会社）

<押え金の位置調整手順＞（図 5-1-114 参照）
1）❶の「押え調整ねじ」と押えの❼の「ねじ」を緩める
2）押えの溝が針板の溝と一致するようにしながら，押えの底面が針板に平らに
乗るように❻の「押え金」を動かし調整する
3）調整が完了したら❼の「ねじ」を締める
4）❺の「ねじ」を緩め，❸の「部品」と❷の「部品」を一致させ，❷の「部品」
が上下にスムーズに動くように❹の「部品」を左右に動かし調整する
5）調整が完了したら❺の「ねじ」を締める
6）完了

<押え圧力調整手順＞
1）「ねじ❶」を時計方向に回すと，圧力が上がる
2）「ねじ❶」を反時計方向の回すと，圧力が下がる
3）回して調整ができたら完了

② **押え上げ高さの調整**
　　「押え上げ高さの調整」とは針板と押え金の下面の高さ調整のことです。生地
の厚みがありすぎると，押え金のすき間，「図 5-1-115」の「A」に入れることがで
きず縫製できない場合があります。その場合にする調整です。

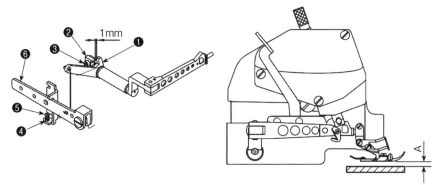

図 5-1-115　押え上げ高さの調整（図提供：JUKI 株式会社）

＜押え上げ高さの調整手順＞（図 5-1-115 参照）

1）プーリーを回して，押えの底面が針板に平らに接触するまで，送り歯を下げる

2）❸の「ねじ」を少し緩める

3）❶の「押え上げ腕」と❷の「固定ブランケット」に 1 mm のすき間を空ける

4）❹の「ナット」を緩める

5）❻の「押さえ上げレバー」を押して押えを針板から上げる
　　　注）押え上げ高さは機種により異なる，機種にあった調整を行うこと（表 5-1-2 参照）

6）❺の「ねじ」を❻の「押え上げレバー」に接触するように調整する

7）❹の「ナット」を締める

8）調整が完了したら❸の「ねじ」を締める

9）完了

表 5-1-2　JUKI 株式会社製ロックミシンの機種により異なる押え高さの寸（例）
（表提供：JUKI 株式会社）

機種	押え高さ(A)（単位：mm）	機種	押え高さ(A)（単位：mm）
MO6804D-OE4-30H	6	MO6814D-BE6-40H	7
MO6814D-BD6-24H	5.5	MO6814D-BE6-44H	7
MO6814D-BE6-34H	5.5	MO6816D-DE4-30H	5.5
MO6814D-BE6-24H	5.5	MO6816D-DE4-30H-E35	5.5
MO6814D-BD6-30H	5.5	MO6816D-DE4-30P	5
MO6814D-BB6-30P	5	MO6816D-FF6-50H	6.5
MO6814D-BE6-30P	5		

表 5-1-2 は機種による押え高さ寸の表です。機種により寸に差があります。このように機種により基準値が異なるので，調整する機種の取り扱い説明書にしたがい調整します。

(13) 送り歯の調整

① 送り歯高さの調整

送り歯とは針板の下に付いている山形をしている金属のことです。送り歯の形状は，山形以外にも用途により種類があります。

・山形送り

一般的に多く使われている送り歯です。正送りの送り力が強い形です。

・あやめ送り

横方向の布の固定に優れています。「千鳥ミシン」「差動上下ミシン」の上送り歯に使用されます。

・斜送り

布地に送り歯のキズが付きにくい形です。差動上下送りミシン（先引きタイプ）に使用されます。

・ウレタンゴム送り

送りキズが付きやすい縫製素材に有効です。素材がウレタンゴムですので，形としては，山形など前述と同様の形のものから，フラット形状などのゴム板状の物もあります。

ここでは一般的に用いられている山形送りについて説明します。

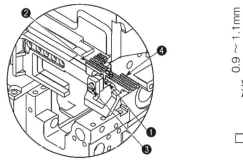 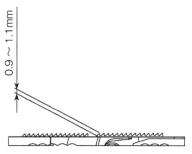

図 5-1-116　送り歯高さの調整（図提供：JUKI 株式会社）

<送り歯高さの調整手順>（図 5-1-116 参照）

1）プーリーを回して，送り歯を最上部の点まで上げる

2）❶の「ねじ」をる緩める

3）❷の「主送り歯」を上下させて歯側が常に針板から0.9mm〜1.1mm上に出

ているようにする

4） 調整ができたら❶の「ねじ」を締める

5） ❸の「ねじ」を緩める

6） ❹の「差動送り歯」を上下させて，❷の「主送り歯」と同じ高さに調整する

7） 調整ができたら❸の「ねじ」を締める

8） 完了

② **送り歯の傾き調整**

針板に対し送り歯は水平になるのが標準です。しかし，送り力や縫製物の特性により送り歯の傾きを変えることがあります。

送り歯の傾きが，ミシンを正面に見て送り歯が「上がって見える調整」，あるいは「下がって見える調整」の2通りあります。

・ミシンの正面に立ち，送り歯が「上がって見える」（反作業者側が上がっている）

パッカリングの出やすい縫製物に適しており，パッカリングの軽減が期待できます。

・ミシンの正面に立ち，送り歯が「下がって見える」（反作業者側が下がっている）

編地等の伸縮のある素材で，「イサリ」や「ズレ」などの不具合が出やすい縫製物に対して，不具合の軽減を期待できます。

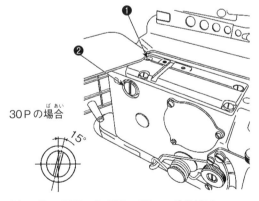

図 5-1-117　送り歯の傾き調整（例）（図提供：JUKI 株式会社）

＜送り歯の傾き調整手順＞（水平の場合）（図 5-1-117 参照）

1）❶の「ねじ」を緩める

2）後部❷の「支持軸」を回す

3）送り歯が針板上面に一致したとき，送り歯を水平に合わせる

4）❶の「ねじ」を締める

5）完了

③　補助送り歯高さの調整

　　「補助送り歯」とは「空環」の出を安定させる役割があります。「空環」とは布地が無い状態でロックミシンを運動させたときに繰り出される縫い糸のことです。ロックミシンは本縫いミシンのような返し縫いの機能はありません。したがって縫い始めと縫い終わりには「空環」が付いてます。

＜空環の処理＞

・空環はロックミシンであれば縫製物の縫い始めと縫い終わりに付いてます。空環は丁寧に処理する場合や，短く切って処理を終わらせる場合もあります。工場の縫製基準で処理方法が決まっている場合もあります。また，依頼先からの指示があることもあります。常に同じ手順で処理せず必ず確認します。

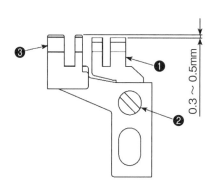

図 5-1-118　補助送り歯高さの調整（図提供：JUKI 株式会社)

＜補助送り歯高さの調整手順＞（図 5-1-118 参照）

1）❷の「ねじ」を緩める

2）❶の「補助送り歯」の歯部を，❸の「主送り歯」よりも0.3mm～0.5mm低くする

3）調整ができたら，❷の「ねじ」を締める

4）完了

⑭ 針とルーパーの関係
　① 針と上ルーパーの関係

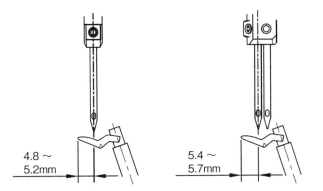

図 5-1-119　針と上ルーパーの関係（図提供：JUKI 株式会社）

　図 5-1-119 のように，上ルーパーが最も左の位置まで移動したとき，ルーパーの先端から針の中心線との距離は4.8mm～5.2mm となります。2本針の機種では，ルーパー先端から左針の中心までの距離は5.4mm～5.7mm となります。
　＜上ルーパーが最も左の位置まで移動したときのルーパーの先端から針の中心までの距離＞
　　・1本針ロックの機種　　【4.8mm～5.2mm】
　　・2本針ロックの機種　　【5.4mm～5.7mm】

　② 針と下ルーパーの関係

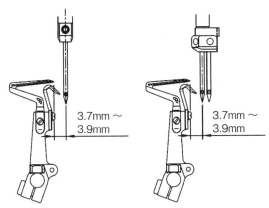

図 5-1-120　針と下ルーパーの関係①（図提供：JUKI 株式会社）

　図 5-1-120 のように，下ルーパーが最も左の位置まで移動したとき，ルーパーの先端から針の中心線との距離は3.7mm～3.9mm となります。2本針の機種では，ルーパー先端から左針の中心までの距離は3.7mm～3.9mm となります。

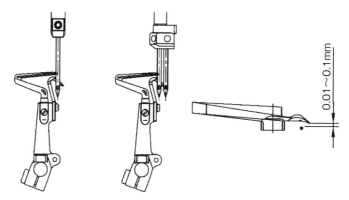

図 5-1-121　針と下ルーパーの関係②（図提 供：JUKI 株式会社）

　図 5-1-121 のように，下ルーパーが右方向に針の 中 心に向かって動いたとき（2
本針の機種では， 左 針を 標 準 として用います），ルーパー先端から針のえぐりま
での距離を0.01mm～0.1mm にします。

③　上ルーパーと下ルーパーの関係

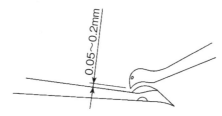

図 5-1-122　上ルーパーと下ルーパーの関係（図提 供：JUKI 株式会社）

　図 5-1-122 のように，上ルーパーと下ルーパーが交差するときは 両 ルーパーは
常にできるだけ近づくようにします。上ルーパーと下ルーパーは， 接 触 しないよ
うにします。交差時のすき間は0.05mm～0.2mm となります。

④　針と二 重 環ルーパーの関係

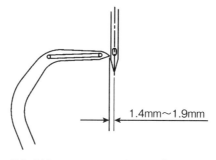

図 5-1-123　針と二 重 環ルーパーの関係（図提 供：JUKI 株式会社）

図 5-1-123 のように，二重環ルーパーが最も左の位置まで移動したとき，二重環ルーパーと針の中心線までの距離は，1.4mm～1.9mm となります。

⑤ **針と針受けの関係**

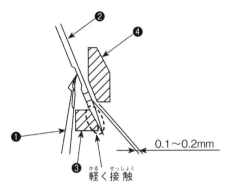

図 5-1-124　針と針受けの（図提供 ：JUKI 株式会社）関係

　図 5-1-124 のように，❶の「下ルーパー」が左から右に❷の「針」の中心まで動いたとき（2 本針機種の場合は，左針），❷の「針」と❸の「移動針受け」が軽く接触するように調整します。

　また，針が下死点にあるとき，❷の「針」と❹の「前針受け」の距離は，0.1mm～0.2mm となるように調整します。

⑮ **二重環ルーパーの運動量の調整**

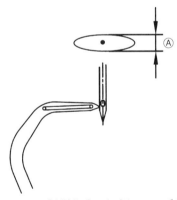

図 5-1-125　二重環ルーパーの運動量の調整①（図提供 ：JUKI 株式会社）

　二重環ルーパーの動きは楕円形です。図 5-1-125 の二重環ルーパーの前後の運動量のⒶを調整する必要がある場合は，次の手順で調整します。

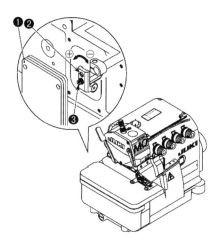

図5-1-126 二重環ルーパーの運動量の調整②（図提供：JUKI株式会社）

＜二重環ルーパーの運動量の調整手順＞（図5-1-126参照）

1）ミシンの背面の❶の「カバー」を開ける

2）❷の「ねじ」を少し緩める

3）❷の「ねじ」を回して調整する
　・運動量を大きくする場合　→　ねじを⊕の方向に回す
　・運動量を小さくする場合　→　ねじを⊖の方向に回す

4）調整後，❸の「ねじ」を締める

5）❶の「カバー」を締める

6）完了

⒃　ルーパー合わせ及び針受け合わせ寸法値

　　表5-1-3の寸法はあくまで標準的な寸法なので，参考程度にします。実際には，縫製物や縫製糸により多少の変更が必要となる場合があります。

　　表5-1-3を見ると，機種により数値にばらつきがあります。また，先に記述した通り縫製物や縫製糸により多少の変更が必要となる場合があります。したがって，取り扱うミシンの機種が何か把握し，基準値をもとに現場で細かな調整を行うことになります。

　　ミシン作業者が実務で調整することはないと思いますが，取り扱うミシンの品番や特徴は把握しておいた方が良いです。

表 5-1-3　ルーパー合わせ及び針受け合わせ寸法値（ロックミシン）（例）
（図表提供：JUKI 株式会社）

（単位：mm）

機種	A	B	C	D	E	R	G
MO6804D-0E4-30H	10.4-10.6	—	—	(10.8)	4.8-5.2	3.7-3.9	—
MO6814D-BD6-24H	10.4-10.6	(9.1)	—	(10.5)	5.4-5.7	3.7-3.9	—
MO6814D-BE6-34H	10.4-10.6	(9.1)	—	(10.5)	5.4-5.7	3.7-3.9	—
MO6814D-BE6-24H	10.4-10.6	(9.1)	—	(10.5)	5.4-5.7	3.7-3.9	—
MO6814D-BE6-30H	10.4-10.6	(9.1)	—	(10.5)	5.4-5.7	3.7-3.9	—
MO6814D-BB6-30P	10.4-10.6	(9.1)	—	(10.5)	5.4-5.7	3.7-3.9	—
MO6814D-BE6-30P	10.4-10.6	(9.1)	—	(10.5)	5.4-5.7	3.7-3.9	—
MO6814D-BE6-40H	11.8-12.0	(10.5)	—	(12.0)	5.4-5.7	4.1-4.3	—
MO6814D-BE6-44H	11.8-12.0	(10.5)	—	(12.0)	5.4-5.7	4.1-4.3	—
MO6816D-DE4-30H	10.4-10.6	—	(10.8)	(10.8)	4.8-5.2	3.7-3.9	1.4-1.9
MO6816D-DE4-30H-E35	10.4-10.6	—	(10.8)	(10.8)	4.8-5.2	3.7-3.9	1.4-1.9
MO6816D-DE4-30P	10.4-10.6	—	(10.8)	(10.8)	4.8-5.2	3.7-3.9	1.4-1.9
MO6816D-FF6-50H	11.8-12.0	—	(10.8)	(12.0)	4.8-5.2	4.1-4.3	1.6-2.3

0.05～0.2mm

0.01～0.2mm

⒄ 天秤・下カム位置寸法値（標 準合わせ）

① 天秤位置寸法値（表 5-1-4，表 5-1-5 参照）

表 5-1-4 針糸天秤，針糸案内位置と寸法 表 （ロックミシン）（例）

（図表 提 供 ：JUKI 株式会社）

MO-6814D＊＊　MO-6816D＊＊

（単位：mm）

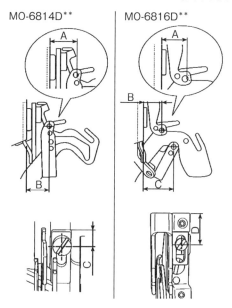

	MO-6814D＊＊			
	A	B	C	
30P を除く	6.5	6	5.5	
30P	6.5	6	5.5	

	MO-6816D＊＊			
	A	B	C	D
30P を除く	8.5	8	14	12
30P	11.5	11	13	13

表 5-1-5 ルーパー天秤，ルーパー糸案内位置と寸法表 （ロックミシン）（例）

（図表 提 供 ：JUKI 株式会社）

（単位：mm）

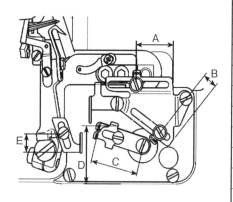

機種	A	B	C	D	E
MO6804D-OE4-30H	11.5	17.5	20	28.5	11
MO6814D-BD6-24H	21.5	14.5	28	32	11
MO6814D-BE6-34H	21.5	14.5	28	32	11
MO6814D-BE6-24H	21.5	14.5	28	32	11
MO6814D-BD6-30H	21.5	14.5	28	32	11
MO6814D-BB6-30P	11.5	10.5	25	35	15
MO6814D-BE6-30P	11.5	10.5	25	35	15
MO6814D-BE6-40H	21.5	14.5	25	28.5	9
MO6814D-BE6-44H	21.5	14.5	25	28.5	9
MO6816D-DE4-30H	21.5	17.5	20	28.5	9
MO6816D-DE4-30H-E35	21.5	17.5	20	28.5	9
MO6816D-DE4-30P	21.5	10.5	28	35	15
MO6816D-FF6-50H	33.5	10.5	20	28.5	9

② 下カム位置寸法値

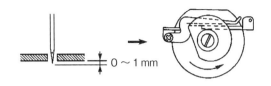

図 5-1-127　下糸カム調整値（図提供：JUKI 株式会社）

　図 5-1-127 のように，針先が針板下面より 0 ～ 1 mm 出始める時に下糸カムが下糸を外すタイミングになるよう調整します。

7．ロックミシンの主な縫い不良と原因

(1) パッカリング

<改善・対策>

・押え圧力を下げる

・上下糸のバランスが取れる範囲内で，可能なかぎり糸調子を弱くする

・差動レバーを調整して伸ばし縫いを強める

・送り歯を調整して，前下がり傾向にする

・押えを。後支点のものに交換する

・ミシンの回転数を低めにする

・できるだけ伸びの少ない糸を使う

(2) 布いさり

<改善・対策>

・押え圧力をできるだけ弱くする

・波メスを使用する

(3) 地糸切れ

<改善・対策>

・ミシンに上糸潤滑装置※を取り付ける

・ミシンにエスレン装置※を取り付ける

・ボールポイント針を使用する

・針を新品に交換する

※上糸潤滑装置　→　上糸にシリコンを塗布する装置

※エスレン装置　→　針糸と針を冷却する装置

ここまで，本縫いミシンとロックミシンについて基本的な部分を説明しました。まずは，使用するミシンに馴れるために，焦らずにじっくりと使い方を覚えます。

　また，縫製機械の取り扱いに馴れたとしても，人身の欠損や障害を受ける，あるいは障害を与える危険があることを，常に認識する必要があります。きれいな縫い目や製品を作り出すことは大切なことですが，働く者の健康と安全があってこそ，ものづくりが行えます。

第5章第1節　確認問題

1．次に示した(1)～(7)から，下図の本縫いミシンの（　　）内に，正しい名称を記入してください。

(1)　ON スイッチ

(2)　ペダル

(3)　膝上げ装置

(4)　OFF スイッチ

(5)　テーブル

(6)　糸立て糸案内

(7)　糸立て

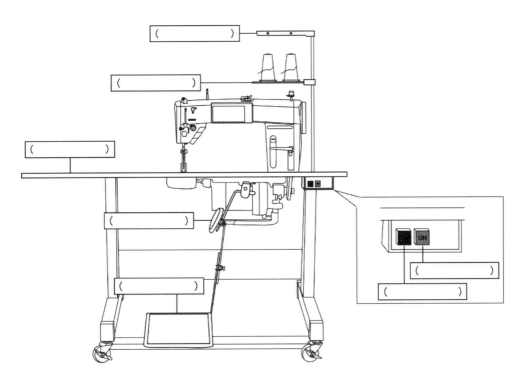

2．次に示した(1)～(5)から，下図のロックミシンの（　　）内に，正しい名称を記入して ください。

(1)　プーリー
(2)　下ルーパー
(3)　下ルーパー糸調子皿
(4)　上ルーパー糸調子皿
(5)　布台カバー

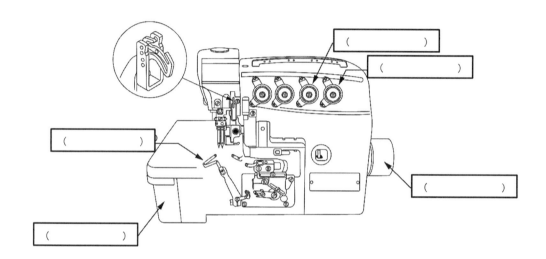

第5章 第1節　確認問題の解答と解説

1．本縫いミシンの各部の名称

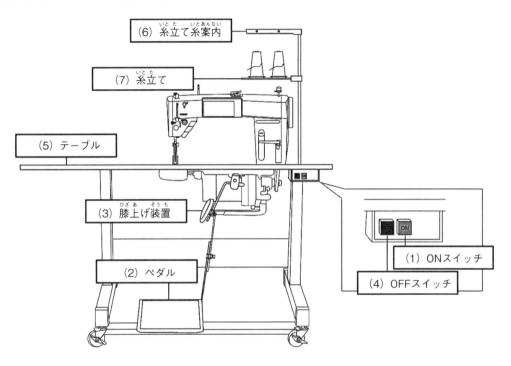

(6) 糸立て糸案内

(7) 糸立て

(5) テーブル

(3) 膝上げ装置

(2) ペダル

(1) ONスイッチ

(4) OFFスイッチ

2．ロックミシンの各部の名称

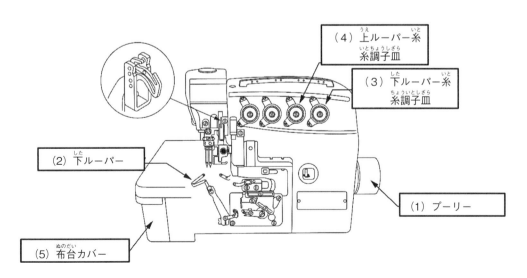

(4) 上ルーパー糸
糸調子皿

(3) 下ルーパー糸
糸調子皿

(2) 下ルーパー

(1) プーリー

(5) 布台カバー

第2節 実務作業について ～ワンピースドレス～

　縫製工場での実務を基準として，主に「ワンピースドレス」の組み立て作業について説明します。

　通常アパレル企業は販売計画に基づきデザイン画を起こしますが，そのデザイン画を基に素材選定を行い仮パターンを作成します。仮パターンで仮縫い（トワル）を作成して全体のバランスを確認し，サンプル作成進行の承認を得ます。続いて，工業用パターンを作成して縫製工場に依頼します。

　縫製工場は依頼を受けて，手配された資材・付属品・型紙を確認し，サンプル作成へと進みます。よりよい製品を仕上げるためには，各工程や作業を高い精度で行うことが必要です。

　衣料品は短納期の場合が多いため想定外の問題が発生することもあります。問題を防ぐためや問題に対応するために，自分の役割における知識だけではなく，衣服を構成する要素全体の知識を身に付けておくことも重要です。

　また，各々の作業にて品質状態を見定め確認し，そして改善へとつなげることでより良い結果を生み出すことができます。つまり，PDCAのサイクルを回すことが重要です。

　　＜大まかな流れ＞
　　① 企画デザイン
　　② トワル作成・型紙作成・サンプル作成
　　③ 量産検討
　　④ 工業用型紙作成
　　⑤ 量産
　　⑥ 仕上げ・納品

1．デザイン画（製品企画）

　計画に基づきデザイン画を作成します（図5-2-1参照）。デザイン画の後に生地選定が行われることが多いですが，生地選定を先に行うことも珍しくありません。理由として，衣服のシルエットの構成には素材が大きく影響するからです。実現不可能なデザイン画とならないため，素材やディテールの組立て方法などを想定し，イメージしてデザイン画を描くことが重要です。特に型紙を外部に委託している場合などは，正確で詳細なデザイン画や仕様図（図5-2-2参照）を求められることがあります。

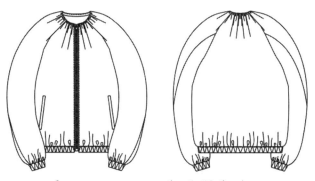

図 5-2-1　デザイン画・製品画（例）

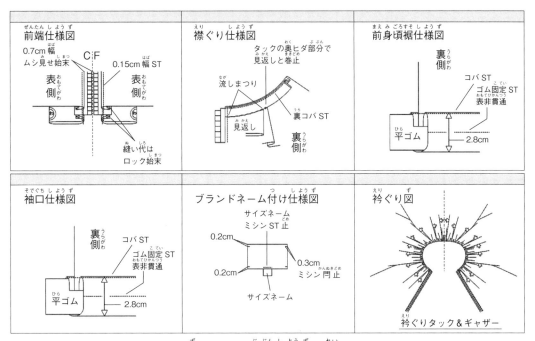

図 5-2-2　部分仕様図（例）

　また，衣料品の企画立案時に商品に深みを持たせるため，デザインを構成する要素と製造過程・製造方法に理由付けを行って，デザインと製造方法に一貫性を持たせることがあります。

　現在，我々が着用している衣服には文化と歴史が存在しますが，より魅力的な商品開発のために，衣類の起源や歴史に紐づく製造方法や細部構造などを取り入れて企画される製品もあります。

　これは，製品の道筋を示すことで魅力的な商品と感じてもらうために行われるものですが，例を挙げるならば①制服，②作業着，③運動着，その他にも多種存在します。

現在 私 達が購 入 し 着 用 している衣服は，前 述 の起源と歴史の影 響 を受けて製造されている物がほとんどです。製造する側もアパレルメーカーが意図する製品を理解し衣服の文化と歴史を学ぶことでこだわりのある製品づくりができます。

図 5-2-3 のデザイン画は，日本では主にスウェットパンツと呼ばれます。部屋着や運動着など様々な用途で着用される衣類です。主に吸汗性に優れた素材を使用することが多いですが，この製品の起源と言われるブランド製品のディテールやフィット感，素材などを現代に再現することで商品に深みを持たせることができています。

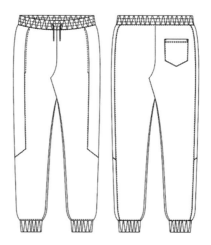

図 5-2-3　Tracksuit Bottoms（英名）（和名：スウェットパンツ）平画（例）

これら衣服の起源や歴史等の知見の重 要性について説明しました。注 文通りに製造することは絶対 条 件となりますが，衣服製造においての本質的な部分であるファッション性や市 場 価値を損なわないために，デザイン画から読み解くべき要点を次に記します。

① シルエット（外観・外形）
② デザイン性（起源・歴史・特 徴）
③ 素材物性（ドレープ性　硬さなどの要素）
④ 細部（細かな部分・ディテール）
⑤ 資材・製造コスト（価格）
⑥ 可縫性（縫いやすさ）
⑦ 仕上がり予想（全体感）

以上の7項目を上 手に紐解き，組み合わせることでファッション性のある衣服デザインが生み出されています。

2. シルエットパターン　トワル作成（仮縫い）

デザイン確定後，型紙作成に移ります。主だった方法は2種類あります。

① ドレーピング（立体裁断）

② 製図（CAD もしくは手引製図）

　上記のどちらも基本的な部分は同じで大きな違いはありません。各自が最適だと思う方法で作業することが大切です。また，作業性や時間などコスト意識を持ちそれぞれが有する要素を理解することが必要です。

　図5-2-4のように製図完了後必要に応じて仮縫いを行いますが，CAD による製図の場合はアパレル用3DCAD も普及しており，図5-2-5や図5-2-6のようにモニター上にて立体画像として確認することができます。利点としては①仮縫い生地が不要，②作業時間短縮，③場所を選ばない，④裁断台・トルソー（人台又はボディ）を必要としない等です。最終的には確認者の希望に合わせることが多く，確認のしやすさが重要となりますので，どちらが良いというわけではありません。それぞれの良さを理解し，求める製品や社内環境に最適な方法を選びます。

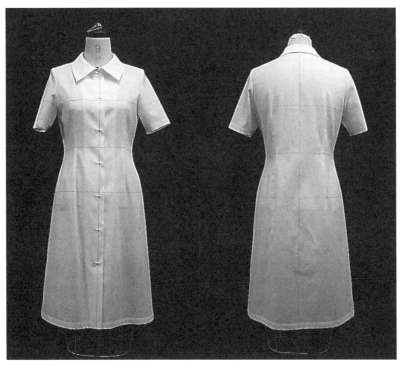

図5-2-4　仮縫い着せ付け画面

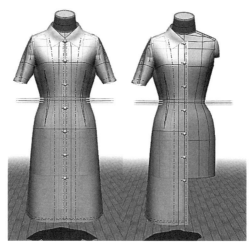

図 5-2-5　3 DCAD 着せ付け画面

図 5-2-6　3 Dイメージ

3．工業用パターン作成・縫製仕様書作成

　　量産（本生産）に向け，工業パターン（図 5-2-7 参照）と縫製仕様書（図 5-2-8 参照）を作成します。工業化の際は一定の品質を保つため各社基準と決まり事がある場合が多く，多種多様です。アパレルメーカーと縫製工場でも違いが出やすい部分ですので自身の所属する部門の決まりごとを守り作業を行います。

　　また多品種製造が主流になっているので，必要な情報を的確に伝えることが重要で，間違いや事故が起こらないよう伝達方法や確認方法に気を使うことが大切です。最小限の労力で最大限の結果を得るために，工程毎に理解・判断しやすい状態にすることを徹底する必要があります。

縫製仕様書は手書き，またはパソコンなどでドローイングソフトやエクセル等を使用し作成しますが，管理のしやすさからパソコンで作業する事が増えています。手書きとは異なり作業性が高く，また複製が容易なことは大きな強みです。導入にコストはかかりますが，QR（Quick Response）が多い縫製業では必要となっています。

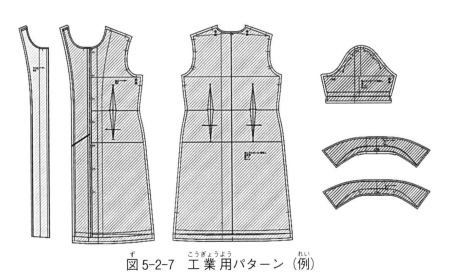

図 5-2-7　工業用パターン（例）

縫製仕様書

1/2　作成日

デザイン名	品番	枝番	工場名	年度	シーズン	ブランド	アイテム名	デザイナー/パタンナー	生産
婦人ワンピース	婦人ワンピース-裏無し								

前画　　後画

生地

生地名	品番	生地巾	長さ	要尺	使用箇所	仕入先
綿オックスフォード		122			身頃 袖 衿	

附属

附属名	品番	規格	要尺	使用箇所	仕入先	附属カラー
接着芯地		112cm巾		裏衿 前身頃見返し		
釦		15mm直径	7個	フロント(7)		

サイズ

	指示寸	パターン寸	縮量
着丈	94.0	95.2	1.2
肩幅	37.0	37.0	0
バスト(週)	94.0	94.2	0.2
ウエスト(週)	77.0	77.0	0
裾周	114.0	114.0	0
袖丈	23	23	0
裄丈	41.5	41.5	0
袖幅	17.0	17.0	0
袖口幅	15.0	15.0	0
CB衿寸	6	6.0	0
衿先寸	9.0	9.0	0
見返し幅	7	7	0

縫製指示

項目	内容
肩縫目	本縫い＋端ロック始末
脇縫目	本縫い＋端ロック始末
袖下縫目	本縫い＋端ロック始末
前縫	わ取り
釦ホール	ネムリ釦穴 7箇所
前身頃ダーツ	有
後身頃ダーツ	有
裾始末	2.0cm幅ステッチ三折始末
袖口始末	2.0cm幅ステッチ三折始末

裁断方法

裁断方向	一方向
柄合せ	無
毛並み	無(一方向)

接着条件　芯地品番　温度 130℃　圧力 0.2　16.8　時間 15秒

糸

種類	番手	運針数	配色	洗濯絵表示No.
地縫い	60番	18針/3cm間		
ステッチ	60番	18針/3cm間		
ロック糸	60番			

ネーム付け位置

釦ホール

名称	数量	箇所
ネムリ穴	7個	フロント(7)

図 5-2-8　縫製仕様書（例）

縫製仕様書・発注書内にはデザイン画（豆絵またはスタイル画），使用資材（生地・附属品），指示寸法，組み立て方法，地の目，ブランドネーム・品質表示・下げ札取り付け方法等の情報が記載されています。間違いがでないよう，確認作業が重要となります。

縫製仕様を文字・文章で記載している場合もありますが，図解で縫製仕様を表記している場合もあります（図5-2-9参照）。文章では理解が難しい仕様も図解では容易に理解できるので図解は大変役立ちます。

アパレル（発注者）が発行した縫製仕様書では実作業使用に不十分な場合もあります。不十分な場合は，作業担当者が加筆または図解を追加することも必要です。また不必要に情報が多い場合は簡略化し，見やすく判断しやすいものにすることが必要です。理解しやすい簡単なレイアウトを心がける必要があります。

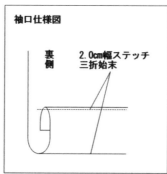
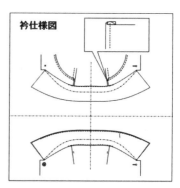
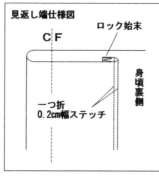
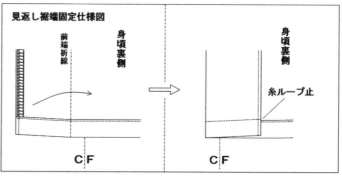

図5-2-9　縫製仕様書（例）

4．マーキング・芯地・芯貼り

　型紙と素材の情報をもとに，生産内容を踏まえたマーキング作業を行います。工業用パターンにて，そのままに裁断工程を行う場合もありますが，素材や芯貼りによる縮みや，裁ち落とし工程などの工程を想定し，パーツ毎の荒裁ちや大裁ちを行うこと

で後の作業効率や仕上がりの精度を向上させる作業方法もあります。

素材に適した型紙作成が重要ですが，組み立て時の変形を加味することも重要です。また可縫性も重要なので，①素材，②型紙，③縫製の3要素を十分に吟味し完成度を高めることが必要です。

また生地をリラックスさせるために放反，またはスポンジングをかけます。こうすることで，収縮や斜向を改善させ，緩和収縮や膨潤収縮を軽減させ，後の組み立ての作業性をよくすることができます。

素材によって親水性なのか疎水性なのかを見極めると共に反物の状態，仕上げ処理の状態も見極めて作業を行います。

製品ロット毎に同一反物内の近い距離で一着が取れることが理想です。生地色相の差などが着内で出ないようにするためですが，生地の中希など，近い場所でも色相・色差が出ることもあります。裁断前に生地検品を行い，その段階で生地傷なども検品します。生地は製品コストの大きな部分を占めるので，収率よく裁断し無駄なく生産することが重要です。安定した製品が作れるよう正しく裁断を行います。

マーキングする際，無理のない状態で作業を行えるよう，生地両端の耳や，生地傷などによるロス分，パーツ間隔などを考慮し，生地に過不足出ないように行います。また，手裁断あるいはCAM裁断でも条件が異なってきます（図5-2-10参照）。

① 生地両端の使用できない部分は生地巾に含めない
② 生地傷などの生地ロスも用尺に加味する
③ パーツ間に隙間を入れる（オーバーカットなどを防ぐため）
④ 芯貼り収縮する場合は大裁ちパターンを作成，もしくは型紙で調整
⑤ パーツに過不足無いか確認する

作成年月日	2020-01-22 12:32
作成者名	

マーカー名	婦人ワンピース						
デザイン名	婦人ワンピース	品番	婦人ワンピース-裏無し	サイズ組み合せ	Master#1		
生地幅	112.0 cm	総着数	1	用尺	207.8 cm	着用尺	207.8 cm/着
収率	90.3 %	縮尺率	1/7.7	パーツ数	7	生地区分 表地	パーツ間隔 5.0, 5.0 mm
コメント					柄ピッチ 0.0, 0.0 cm	柄基準線 0,0,0,0 cm	

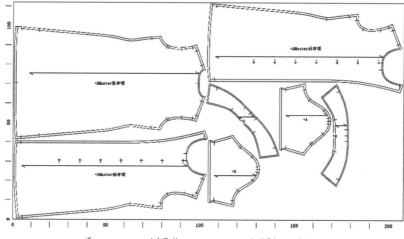

図 5-2-10　表地マーキング仕様書（例）

作成年月日	2020-01-22 12:45
作成者名	

マーカー名	婦人ワンピース						
デザイン名	婦人ワンピース	品番	婦人ワンピース-裏無し	サイズ組み合せ	Master#1		
生地幅	112.0 cm	総着数	1	用尺	101.2 cm	着用尺	101.2 cm/着
収率	18.9 %	縮尺率	1/7.7	パーツ数	3	生地区分 芯	パーツ間隔 5.0, 5.0 mm
コメント					柄ピッチ 0.0, 0.0 cm	柄基準線 0,0,0,0 cm	

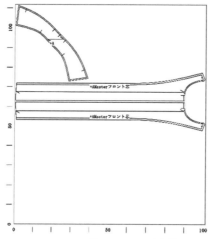

図 5-2-11　芯地マーキング仕様書（例）

　図 5-2-11 は芯地のマーキング仕様書ですが，熱接着芯地は接着時に収縮することが多いです。その場合，収縮する分量を加味したパターンを作成し，裁断，熱接着作業を行います。デメリットとして管理するパターンデータが膨大になります。

そのためパターンで調整せずに，生地を荒裁ち・大裁ちして，芯地を接着後に裁断する方法（図5-2-12参照）もあります。状況に応じて使い分けます。

マーキング仕様書						作成年月日		2020-01-22 12:58	
マーカー名	婦人ワンピース					作成者名			
デザイン名	婦人ワンピース	品番	婦人ワンピース-裏無し		サイズ組み合せ		Master*1		
生地幅	112.0 cm	総着数	1	用尺	207.9 cm	着用尺	207.9	cm／着	
収率	68.0 ％	縮尺率	1/7.7	パーツ数	7	生地区分	表地	パーツ間隔	5.0, 5.0 mm
コメント						柄ピッチ	0.0, 0.0 cm	柄基準義	0.0,0.0 cm

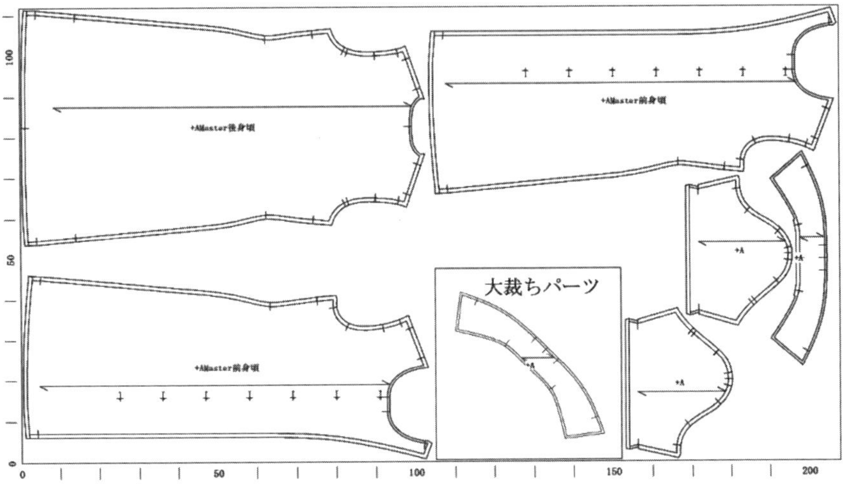

図5-2-12　大裁ちパーツ有マーキング仕様書（例）

　主に芯地には接着樹脂の無いフラシ芯地（非接着芯地）と接着樹脂のある接着芯地（完全接着樹脂芯地），また水に溶解する水溶性樹脂を付けられた芯地（水溶性樹脂芯地）があります。第2節で使用する芯地は全て接着芯地として説明しますが，①フラシ芯地，②完全接着樹脂芯地，③水溶性樹脂芯地の3種類は覚えておきます。

　フラシ芯地（非接着芯地）は高級衣類などで使用されます。接着芯地は生地に貼り付けて使用するため多少生地変化が起こります。また高熱と圧力が加わるため生地の表面変化，風合い変化が起こりますので，生地の風合いを生かす高級衣類などで使用することは少ないです。

　紳士シャツ製造などではフラシ芯地の文化も根強いですが，洗濯後の取り扱いの難さ（シワ発生によるアイロンがけ）等を面倒と感じる消費者も多く，洗濯後の取り扱いが簡単になるよう，完全接着樹脂芯地を使用する製品も増えています。完全接着樹脂芯地の中でトップヒューズ芯とは，樹脂がドット状ではなくフィルム（シート）状の樹脂になっている物です。

　素材を生かす作り方と素材の風合いを変化させた新たな価値を持たせた製品の両方に対応するためには，芯地の知識は重要です。作られている製品にはどのような芯地

が使われているか把握しておきます。

　また，芯地接着強度を確認することも重要です。接着試験はされていてもプレス機の状態によって強度が変化するため，芯貼り機の状態も都度確認が必要です。通常，1日に3度はプレス機の状態を検査します。

　また芯貼りが完了したら，製造工程に合う順序でパーツをまとめます。

5．ミシン設定と縫製糸

　製品組み立ては安定した縫い目が重要になります。生産器具，ミシン糸調子など問題が出やすい部分は生産前の確認，途中段階でも再確認することが重要です。大量に流さず少量のライン生産を行い，想定外の問題に対処しやすい生産方式もあります。それぞれの工場に適した生産方式に合わせて確認作業を行います。

　ミシンの糸調子，押え金圧力のデジタル管理も出来るようになり，単一のミシン設定だけではなく，通信可能なミシン全体の糸調子をデジタルデータで簡単に設定できるように進化してきています。工場管理は感覚ではなく数値で管理する時代になりましたが，確認が不要になったわけではなく，目視で製品の状態，加工途中の状態を確認することは大切なことです。

　また単純な加工品ではない衣服は，感性を刺激する空気感を生み出す必要性を求められる場合もあるため，一部に工芸品のような生産工程を踏むものも存在し，特殊な組み立て方法とミシン設定を求められることもあります。

＜ミシン設定の確認事項＞
① ミシンに正しく上糸が通してあるか
② 下糸はあるか，正しくボビンにセットされ取り付けられているか
③ 押え金圧力は適正か
④ 糸調子は適正か

＜縫製糸・縫い目形状の確認事項＞
① 縫製糸番手
② 糸色
③ 針目（運針数）
④ 縫製糸の種類（スパン・フィラメント等）

6．アイロン作業

　アイロン作業は重要な作業です。過剰な中間プレスは作業性が落ちますが，良い製品を仕上げるためには欠かせない工程です。くせとりは，縫製結合前に行うこと

で，より立体造形効果が期待できるので，中間プレス作業が重要となります。縫製結合後もくせ取り処理は行えますが，効果が薄くなります。

衣服に使われる生地の中で，布はくは織物であり糸が格子状に構成されているため，生地の空隙やバイアス方向へのずれ（せん断変形）を利用することで，より立体的かつ滑らかに形を作れます。特にウール製品は水素結合も利用して複雑な造形が可能ですが恒久的な結合ではないため水に弱く，形崩れを防ぐためには堅牢なシスチン結合（形態安定加工）を行うことが望ましいです。プリーツなどのデザインはシスチン結合（形態安定加工）で処理されます。

7．工程分析

1着あたりの製造時間は工程分析表にて確認します。工程分析表では1工程にかかる時間の確認，またボトルネックとなる製造工程を判別し必要であれば改善します。

また，安定的に良い品質を生み出すためには，作業者の熟練度に頼らずに組立て作業を行うことが必要です。そのため自動縫製（組立て）ミシンを導入し熟練度に比較的左右されない工程を増やすことも必要不可欠です。

しかし，一部自動機では表現できないデザインや縫製仕様もあるため，その都度製品と工程を分析し調整することが求められます。機械に頼らない生産方式の場合，手間と時間がかかるので工賃は高くなりますが，各社は企業努力によりコストを改善しています。作業者一人一人に繊維製品は支えられています。

次の図5-2-13は，ワンピースのデザイン画です。

デザイン画のワンピースの寸法（表5-2-1参照），使用資材（表5-2-2参照），仕様図などの例を図5-2-14から図5-2-17に示しました。

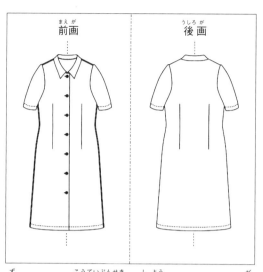

前画　後画

図 5-2-13　工程分析に使用するデザイン画

表 5-2-1　指示寸法と型紙寸法

寸法箇所	指示寸法	型紙寸法
着丈	94.0	95.2
肩幅	37.0	37.0
身幅	94.0	94.0
ウエスト	77.0	77.0
袖幅	114.0	114.0
袖丈	23.0	23.0
桁丈	41.5	41.5
袖幅	17.0	17.0
肘幅		
袖口幅	15.0	15.0
CB衿寸	6.0	6.0
衿先寸	9.0	9.0

（単位：cm）

表 5-2-2　裁断物と使用資材

資材名称	表地	芯地	付属
パーツ名称	表衿	裏衿芯	フロント釦
	裏衿	左 前身頃見返し芯	
	左 前身頃	右前身頃見返し芯	
	右前身頃		
	後 身頃		
	左袖		
	右袖		
各パーツ合計	7 パーツ	3 パーツ	同径 7 個

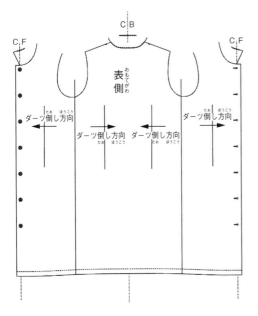

図 5-2-14　仕様図－表 展開図（例）

図 5-2-15　仕様図－裏展開図（例）

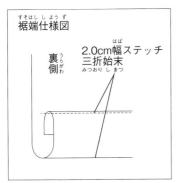

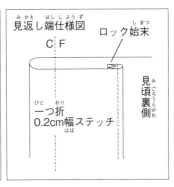

図 5-2-16　仕様図－部分図（例）

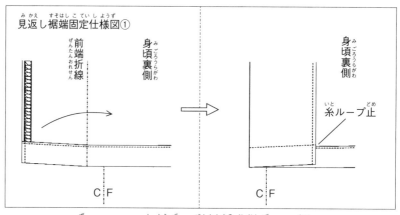

図5-2-17　仕様図－前端裾部分図①（例）

　図5-2-17の仕様は見返し下端を固定せず，糸ループによる点での固定にして，ふらし状態にしています。そのため見返しの距離に影響を受けにくく，不具合が出にくいのが特徴です。手作業が入るためミシンのみで組立てはできませんが，この章で説明する工程分析は上記仕様で説明します。下図は同一部分の縫製仕様の種類です。それぞれ特徴があるので，その特徴を理解し縫製時に気を付ける部分などを考え，実際に試してみましょう。

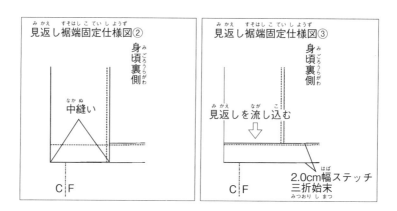

図5-2-18　仕様図－前端裾部分図②と③

　図5-2-18の②の縫製仕様の例では見返し下端をミシンで中縫いします。見返しのタテ寸が不安定な場合は身頃前端の引きつれや余りが生じます。
　図5-2-18の③の縫製仕様の例では見返しのすわりを確認した後に裾始末と合わせて始末する仕様となっています。簡単な仕様でありますがカジュアルな印象になります。

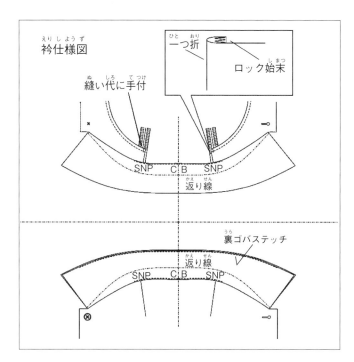

図 5-2-19　仕様図－衿部分図（例）

　衿は商品の顔となる部分です。注意して縫製する必要があります。
　図 5-2-19 の縫製仕様の例は衿部分の一般的な縫製仕様ですが，縫製順序により気を使う部分や，あらかじめパターンで調整しなければならないこともあります。設計段階で縫製仕様を決定するべきですが，手順を変更したい場合は，再度型紙を調整して，裁断，縫製を進めます。型紙，裁断，縫製のすべてを計算して作業を進めなければ美しい製品には仕上がりません。各工程を注意深く進める必要があります。
　図 5-2-20 に芯貼り箇所を，図 5-2-21 から図 5-2-23 にロック始末箇所を示します。

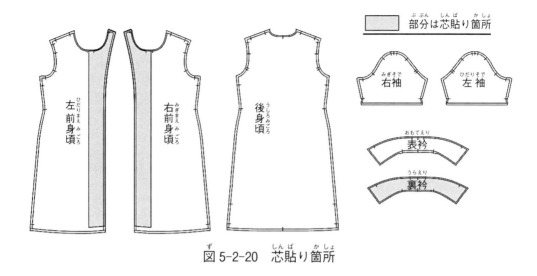

部分は芯貼り箇所

右袖　左袖

表衿

裏衿

左前身頃　右前身頃　後身頃

図 5-2-20　芯貼り箇所

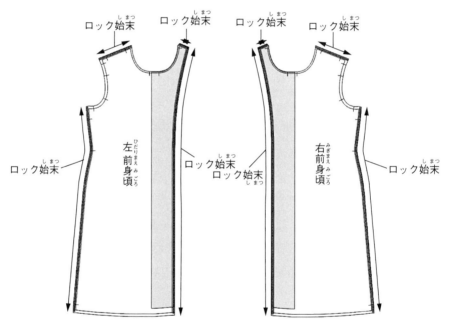

ロック始末　ロック始末　ロック始末　ロック始末

ロック始末　ロック始末　ロック始末　ロック始末

左前身頃　右前身頃

ロック始末　ロック始末

図 5-2-21　準備工程－前身頃ロック始末箇所

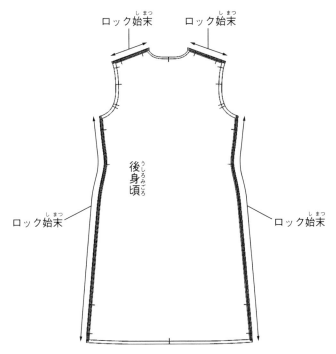

図 5-2-22　準備工程－後身頃ロック始末箇所

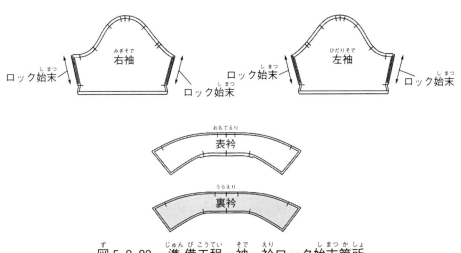

図 5-2-23　準備工程－袖・衿ロック始末箇所

　ロック始末の縫い始めと縫い終りの糸（空環）は,「かぎ針」または「べら針」でルーパー糸の中に入れ込むときれいに始末できます。手作業になるので手間と時間がかかります。したがって, 安価な製品では行うことはあまりありません。
　図 5-2-24 と図 5-2-25 は編み機にて使用される「べら針」の写真です。

図 5-2-24　編み機の「べら針」

図 5-2-25　「べら針」開閉方向

「べら針」によるロックミシンの縫い始めと縫い終りの糸始末の手順を説明します。

① ロックミシンの糸を整える（図 5-2-26 参照）

② 裏面よりルーパー糸の中から「べら針」を通す（図 5-2-27 参照）

図 5-2-26　ロックミシンの空環

図 5-2-27　ロックミシンのルーパー糸とべら針

③ 「べら針」に糸（空環）を引っかけてルーパー内を通す（図 5-2-28 参照）

④ 余分な糸（空環）を切る（図 5-2-29 参照）

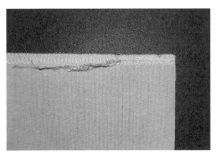

図 5-2-28　ロックミシンのルーパー糸と空環

図 5-2-29　余分な糸（空環）のカット

⑤　始末完了（図5-2-30参照）

図5-2-30　ロックミシンの糸始末完了

　上記①～⑤で「べら針」での縫い始めと縫い終りの始末方法は以上です。製品に求められる品質に合わせ，始末方法を選定します。

8．縫製工程と工程詳細の説明

　次は工程分析と各工程を説明します。表5-2-3は工程図記号です。これを使用し工程分析を行います。

表5-2-3　工程図記号（JIS Z　8206）

工程の種類	記号	作業内容
加工	○	本縫いミシン作業
	⦸	特殊ミシン・特殊機械作業
	◎	アイロン作業・手作業
	⦾	プレス・アイロンプレス作業
検査	◇	品質検査
	□	数量検査
	✦	品質・数量検査
停滞	▽	裁断された部品・部品停滞
	△	完成品停滞

表5-2-4　工程分析表

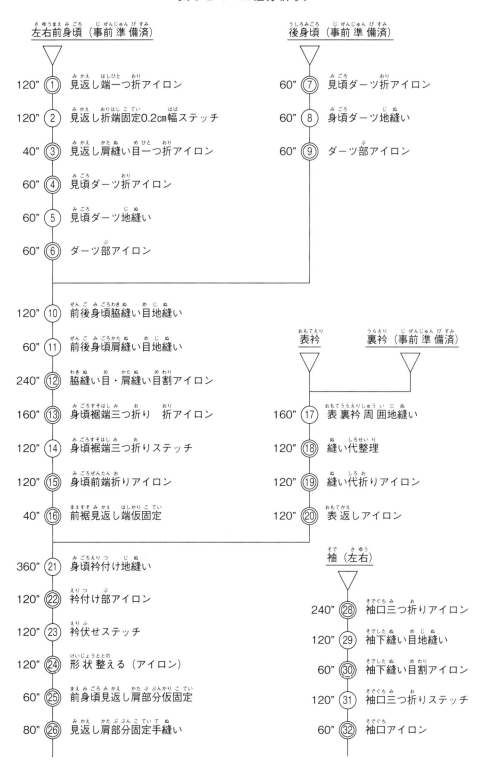

左右前身頃（事前準備済）

120" ① 見返し端一つ折アイロン

120" ② 見返し折端固定0.2cm幅ステッチ

40" ③ 見返し肩縫い目一つ折アイロン

60" ④ 見頃ダーツ折アイロン

60" ⑤ 見頃ダーツ地縫い

60" ⑥ ダーツ部アイロン

後身頃（事前準備済）

60" ⑦ 見頃ダーツ折アイロン

60" ⑧ 身頃ダーツ地縫い

60" ⑨ ダーツ部アイロン

120" ⑩ 前後身頃脇縫い目地縫い

60" ⑪ 前後身頃肩縫い目地縫い

240" ⑫ 脇縫い目・肩縫い目割アイロン

160" ⑬ 身頃裾端三つ折り　折アイロン

120" ⑭ 身頃裾端三つ折りステッチ

120" ⑮ 身頃前端折りアイロン

40" ⑯ 前裾見返し端仮固定

表衿　　裏衿（事前準備済）

160" ⑰ 表裏衿周囲地縫い

120" ⑱ 縫い代整理

120" ⑲ 縫い代折りアイロン

120" ⑳ 表返しアイロン

360" ㉑ 身頃衿付け地縫い

120" ㉒ 衿付け部アイロン

120" ㉓ 衿伏せステッチ

120" ㉔ 形状整える（アイロン）

60" ㉕ 前身頃見返し肩部分仮固定

80" ㉖ 見返し肩部分固定手縫い

袖（左右）

240" ㉘ 袖口三つ折りアイロン

120" ㉙ 袖下縫い目地縫い

60" ㉚ 袖下縫い目割アイロン

120" ㉛ 袖口三つ折りステッチ

60" ㉜ 袖口アイロン

120" ㉗ 形状整える（アイロン）

480" ㉝ 袖付け地縫い

300" ㉞ 袖ぐり縫い目端ロック始末

180" ㉟ 袖ぐり形状整える（アイロン）

180" ㊱ フロント釦ホール・ボタン付け位置印付け

480" ㊲ 釦ホール

300" ㊳ 釦付け

480" ㊴ 仕上げアイロン

300" ㊵ 前裾見返し端糸ループ止

480" ㊶ まとめ作業

◇ 品質検査

△ 完成

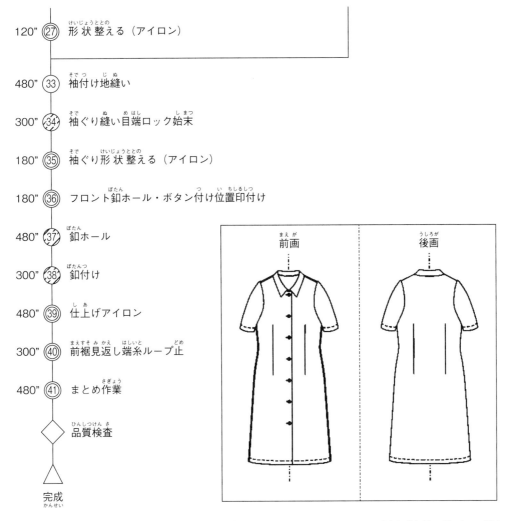

前画　　　　後画

表5-2-4は，図5-2-13のデザイン画のワンピースについて，工程分析の結果を表したものです。これを加工時間について取りまとめたものが表5-2-5です。

表5-2-5　工数－加工時間表

記号	作業内容	製品工程数	加工時間（秒）
◯	本縫いミシン作業	12	1,900
◍	特殊ミシン・特殊機械作業	3	1,080
◎	アイロン作業・手作業	26	3,800
◉	プレス・アイロンプレス作業	0	0
	総作業工程数及び総加工時間	41	6,780

以下の図5-2-31に，表5-2-4の工程分析の縫製手順について図解します。

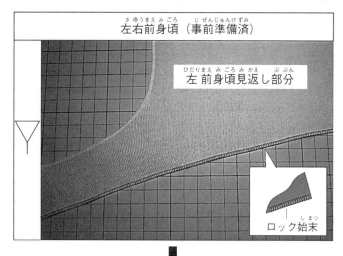

左右前身頃（事前準備済）

左前身頃見返し部分

ロック始末

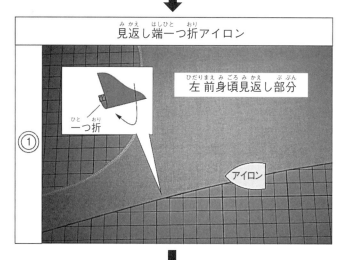

見返し端一つ折アイロン

左前身頃見返し部分

一つ折

アイロン

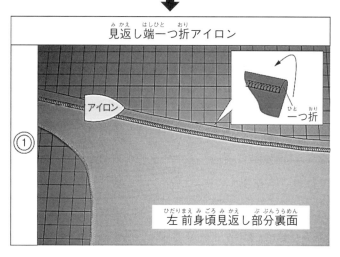

見返し端一つ折アイロン

アイロン

一つ折

左前身頃見返し部分裏面

見返し折端固定0.2cm幅ステッチ

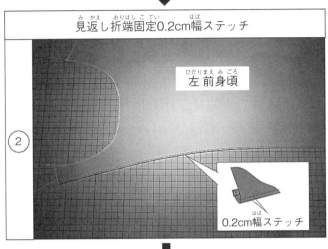

② 左前身頃

0.2cm幅ステッチ

見返し折端固定0.2cm幅ステッチ

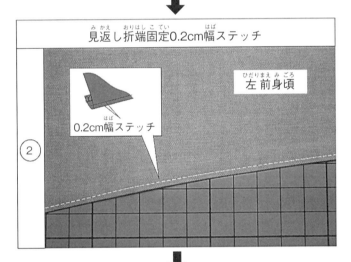

② 左前身頃

0.2cm幅ステッチ

見返し肩縫い目一つ折アイロン

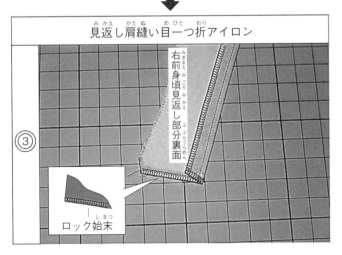

③ 右前身頃見返し部分裏面

ロック始末

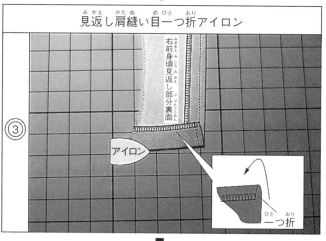

③ 見返し肩縫い目一つ折アイロン

右前身頃見返し部分裏面

アイロン

一つ折

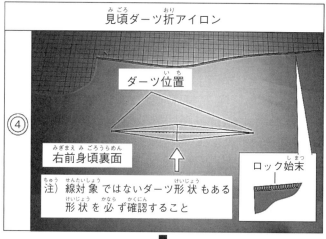

④ 見頃ダーツ折アイロン

ダーツ位置

右前身頃裏面

ロック始末

注）線対象ではないダーツ形状もある
　　形状を必ず確認すること

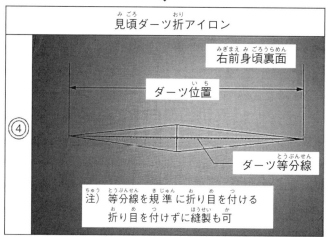

④ 見頃ダーツ折アイロン

右前身頃裏面

ダーツ位置

ダーツ等分線

注）等分線を規準に折り目を付ける
　　折り目を付けずに縫製も可

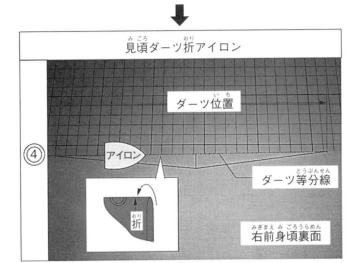

④

見頃ダーツ折アイロン

ダーツ位置

アイロン

ダーツ等分線

折

右前身頃裏面

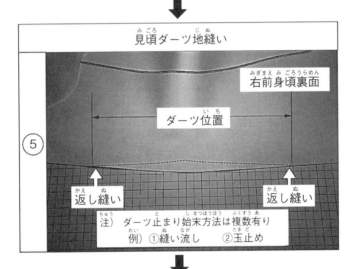

⑤

見頃ダーツ地縫い

右前身頃裏面

ダーツ位置

返し縫い　　　　返し縫い

注）ダーツ止まり始末方法は複数有り
例）①縫い流し　　②玉止め

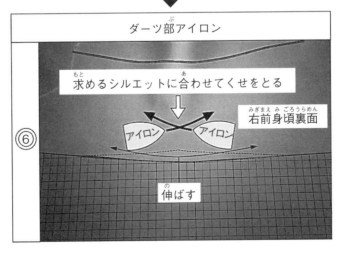

⑥

ダーツ部アイロン

求めるシルエットに合わせてくせをとる

右前身頃裏面

アイロン　　アイロン

伸ばす

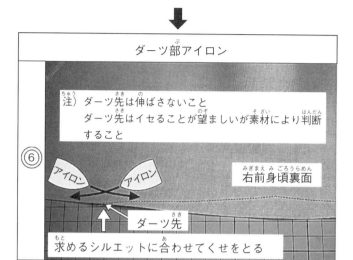

ダーツ部アイロン

⑥

注）ダーツ先は伸ばさないこと
　　ダーツ先はイセることが望ましいが素材により判断
　　すること

アイロン　アイロン

右前身頃裏面

ダーツ先

求めるシルエットに合わせてくせをとる

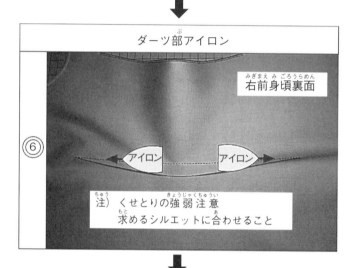

ダーツ部アイロン

⑥

右前身頃裏面

アイロン　アイロン

注）くせとりの強弱注意
　　求めるシルエットに合わせること

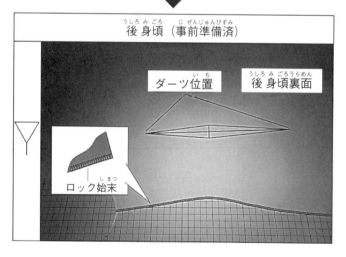

後身頃（事前準備済）

ダーツ位置　後身頃裏面

ロック始末

見頃ダーツ折アイロン

⑦
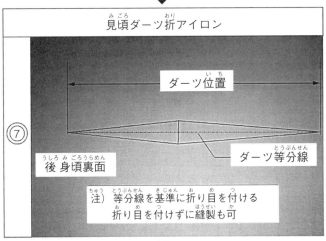

ダーツ位置

ダーツ等分線

後 身頃裏面

注）等分線を基準に折り目を付ける
　　折り目を付けずに縫製も可

見頃ダーツ折アイロン

⑦
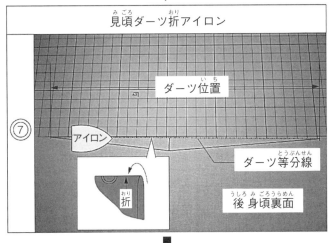

ダーツ位置

アイロン

ダーツ等分線

折

後 身頃裏面

見頃ダーツ折アイロン

⑦
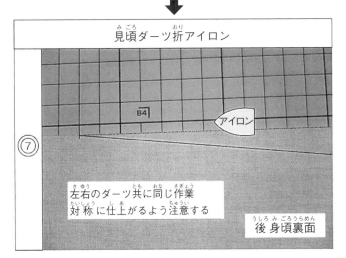

アイロン

左右のダーツ共に同じ作業
対称に仕上がるよう注意する

後 身頃裏面

見頃ダーツ地縫い

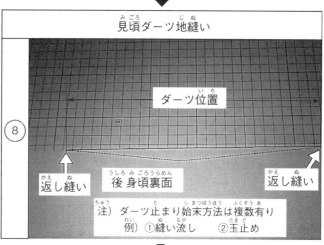

⑧

ダーツ位置

返し縫い　　　後身頃裏面　　　返し縫い

注）ダーツ止まり始末方法は複数有り
例）①縫い流し　　②玉止め

見頃ダーツ地縫い

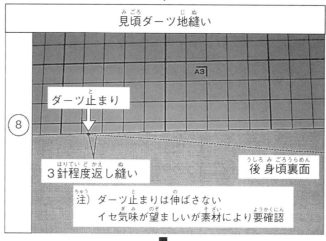

⑧

A3

ダーツ止まり

3針程度返し縫い　　　　後身頃裏面

注）ダーツ止まりは伸ばさない
イセ気味が望ましいが素材により要確認

ダーツ部アイロン

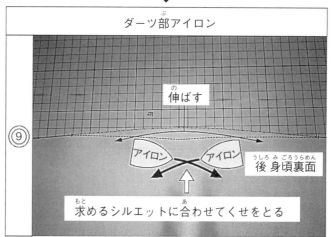

⑨

伸ばす

アイロン　アイロン　後身頃裏面

求めるシルエットに合わせてくせをとる

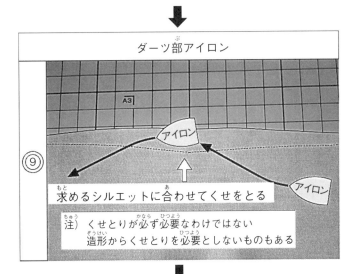

ダーツ部アイロン

⑨

求めるシルエットに合わせてくせをとる

注) くせとりが必ず必要なわけではない
造形からくせとりを必要としないものもある

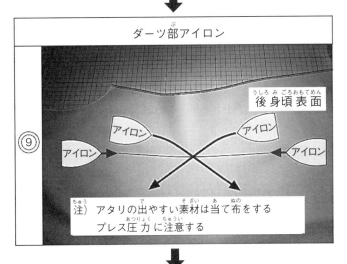

ダーツ部アイロン

⑨

後身頃表面

注) アタリの出やすい素材は当て布をする
プレス圧力に注意する

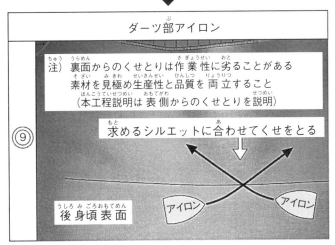

ダーツ部アイロン

⑨

注) 裏面からのくせとりは作業性に劣ることがある
素材を見極め生産性と品質を両立すること
(本工程説明は表側からのくせとりを説明)

求めるシルエットに合わせてくせをとる

後身頃表面

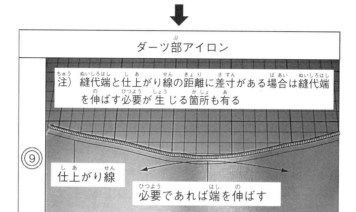

ダーツ部アイロン

注）縫代端と仕上がり線の距離に差寸がある場合は縫代端を伸ばす必要が生じる箇所も有る

⑨

仕上がり線

必要であれば端を伸ばす

後身頃表面

ダーツ部アイロン

注）くせとりは生地の織り糸を意識して，地の目を通すように行う。型紙はそのままの形状から変形させるので作業が正しく行えないと品質が安定しないこともある。求める形状と次工程を理解し作業を行う

⑨

後身頃表面

※くせをとる理由を考えよう ！！

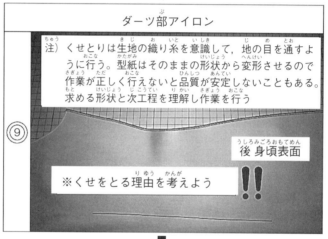

前後見頃脇縫い目地縫い

後身頃

前身頃裏面

⑩

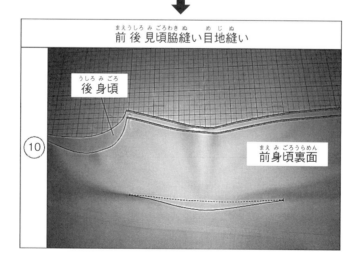

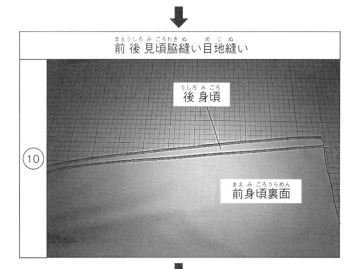

前後見頃脇縫い目地縫い

後身頃

前身頃裏面

⑩

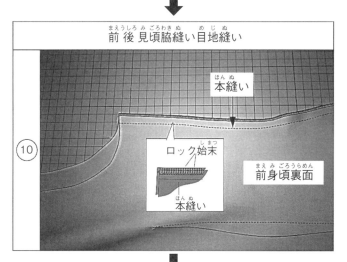

前後見頃脇縫い目地縫い

本縫い

ロック始末

本縫い

前身頃裏面

⑩

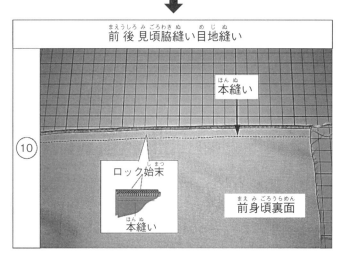

前後見頃脇縫い目地縫い

本縫い

ロック始末

本縫い

前身頃裏面

⑩

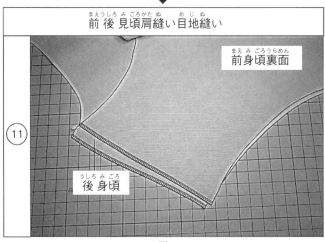

前後 見頃肩縫い目地縫い
⑪
前身頃裏面
後身頃

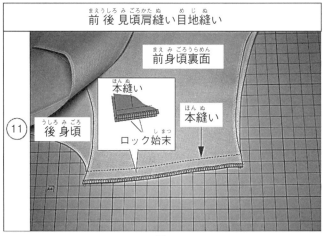

前後 見頃肩縫い目地縫い
⑪
前身頃裏面
本縫い
本縫い
後身頃
ロック始末

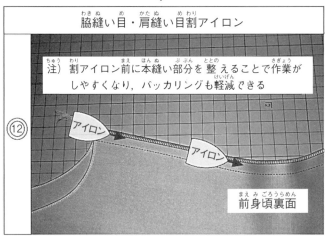

脇縫い目・肩縫い目割アイロン
⑫
注) 割アイロン前に本縫い部分を整えることで作業が
しやすくなり, パッカリングも軽減できる
アイロン
アイロン
前身頃裏面

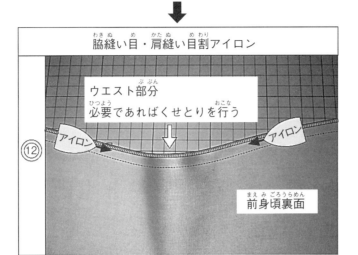

脇縫い目・肩縫い目割アイロン

ウエスト部分
必要であればくせとりを行う

⑫ アイロン　アイロン

前身頃裏面

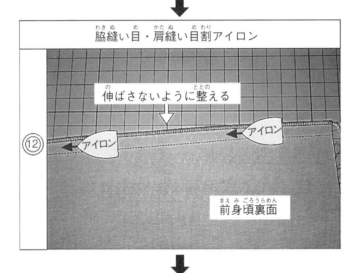

脇縫い目・肩縫い目割アイロン

伸ばさないように整える

⑫ アイロン　アイロン

前身頃裏面

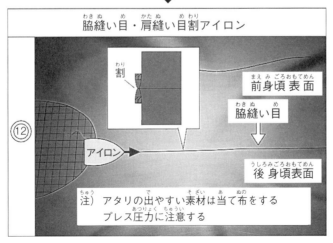

脇縫い目・肩縫い目割アイロン

割

前身頃 表面

脇縫い目

⑫ アイロン

後身頃表面

注）アタリの出やすい素材は当て布をする
　　プレス圧力に注意する

脇縫い目・肩縫い目割アイロン

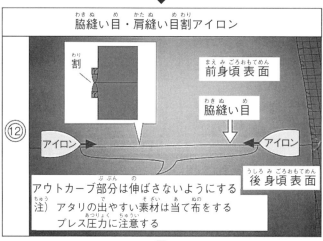

⑫

割

前身頃表面

脇縫い目

アイロン

アイロン

後身頃表面

アウトカーブ部分は伸ばさないようにする
注）アタリの出やすい素材は当て布をする
プレス圧力に注意する

脇縫い目・肩縫い目割アイロン

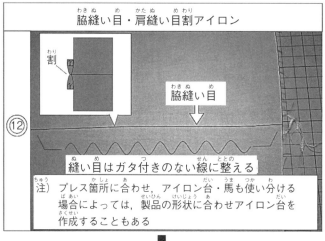

⑫

割

脇縫い目

縫い目はガタ付きのない線に整える
注）プレス箇所に合わせ，アイロン台・馬も使い分ける
場合によっては，製品の形状に合わせアイロン台を
作成することもある

脇縫い目・肩縫い目割アイロン

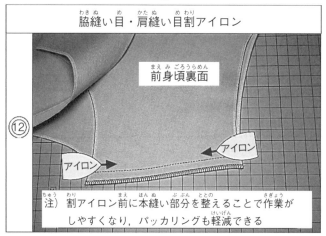

⑫

前身頃裏面

アイロン

アイロン

注）割アイロン前に本縫い部分を整えることで作業が
しやすくなり，パッカリングも軽減できる

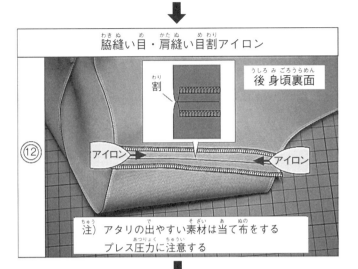

↓

脇縫い目・肩縫い目割アイロン

⑫

割

後身頃裏面

アイロン → ← アイロン

注）アタリの出やすい素材は当て布をする
プレス圧力に注意する

↓

見頃裾端三つ折り　折アイロン

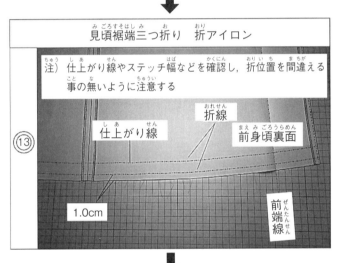

⑬

注）仕上がり線やステッチ幅などを確認し，折位置を間違える
事の無いように注意する

折線

仕上がり線

前身頃裏面

1.0cm

前端線

↓

見頃裾端三つ折り　折アイロン

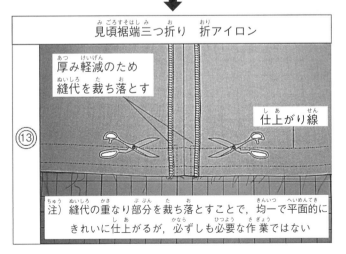

⑬

厚み軽減のため
縫代を裁ち落とす

仕上がり線

注）縫代の重なり部分を裁ち落とすことで，均一で平面的に
きれいに仕上がるが，必ずしも必要な作業ではない

見頃裾端三つ折り　折アイロン

⑬

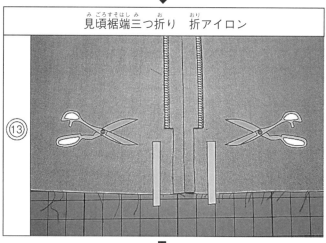

見頃裾端三つ折り　折アイロン

⑬

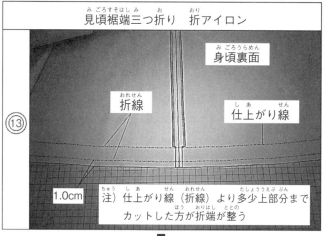

身頃裏面

折線

仕上がり線

1.0cm　注）仕上がり線（折線）より多少上部分まで
カットした方が折端が整う

見頃裾端三つ折り　折アイロン

⑬

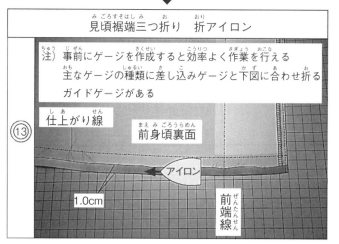

注）事前にゲージを作成すると効率よく作業を行える
主なゲージの種類に差し込みゲージと下図に合わせ折る
ガイドゲージがある

仕上がり線

前身頃裏面

アイロン

1.0cm

前端線

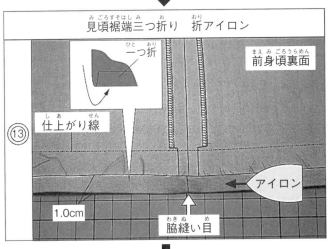

見頃裾端三つ折り　折アイロン

一つ折

前身頃裏面

⑬

仕上がり線

アイロン

1.0cm

脇縫い目

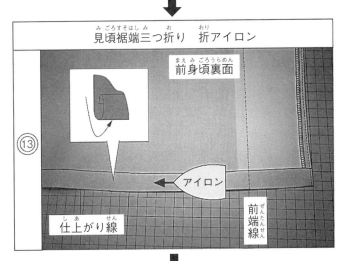

見頃裾端三つ折り　折アイロン

前身頃裏面

⑬

アイロン

仕上がり線

前端線

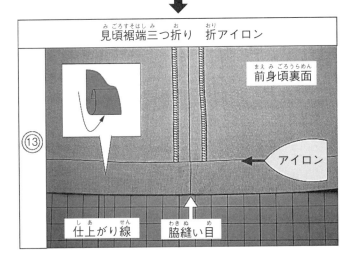

見頃裾端三つ折り　折アイロン

前身頃裏面

⑬

アイロン

仕上がり線

脇縫い目

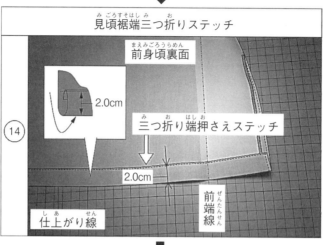

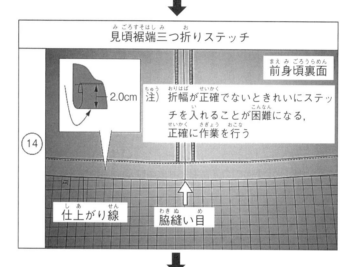

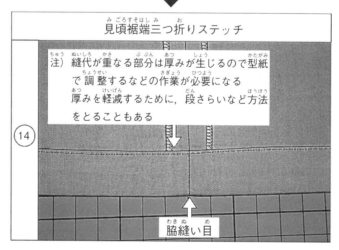

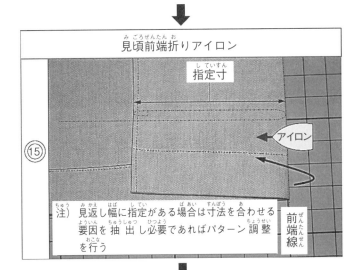

⑮ 見頃前端折りアイロン

指定寸

アイロン

注）見返し幅に指定がある場合は寸法を合わせる
要因を抽出し必要であればパターン調整
を行う

前端線

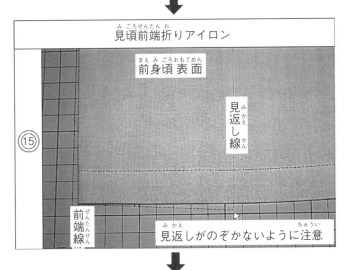

⑮ 見頃前端折りアイロン

前身頃表面

見返し線

前端線

見返しがのぞかないように注意

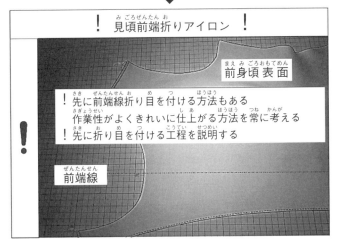

！ 見頃前端折りアイロン ！

前身頃表面

！先に前端線折り目を付ける方法もある
作業性がよくきれいに仕上がる方法を常に考える
！先に折り目を付ける工程を説明する

前端線

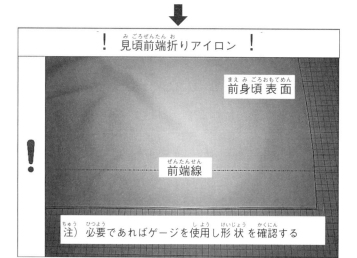

! 見頃前端折りアイロン !

前身頃表面

前端線

注）必要であればゲージを使用し形状を確認する

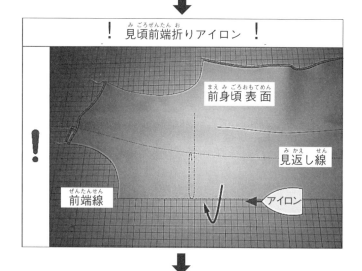

! 見頃前端折りアイロン !

前身頃表面

見返し線

前端線

アイロン

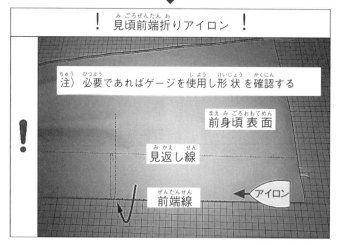

! 見頃前端折りアイロン !

注）必要であればゲージを使用し形状を確認する

前身頃表面

見返し線

前端線

アイロン

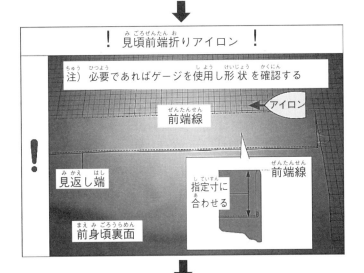

! 見頃前端折りアイロン !

注）必要であればゲージを使用し形状を確認する

アイロン

前端線

見返し端

指定寸に
合わせる

前端線

前身頃裏面

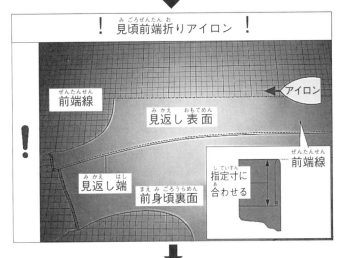

! 見頃前端折りアイロン !

前端線

アイロン

見返し表面

前端線

見返し端

前身頃裏面

指定寸に
合わせる

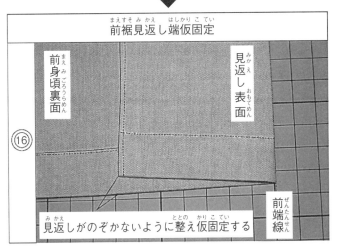

前裾見返し端仮固定

前身頃裏面

見返し表面

⑯

見返しがのぞかないように整え仮固定する

前端線

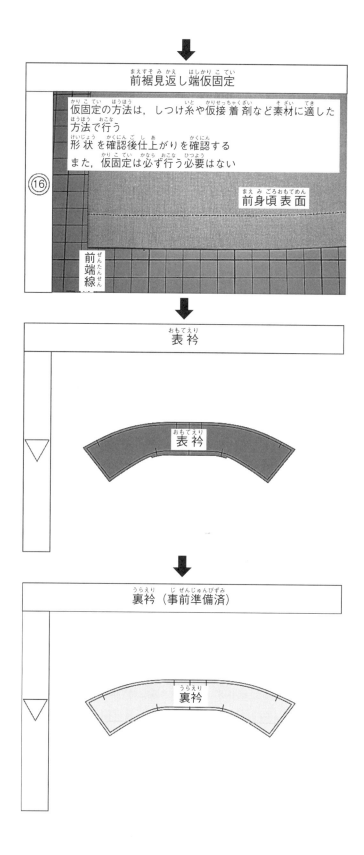

前裾見返し端仮固定

仮固定の方法は，しつけ糸や仮接着剤など素材に適した
方法で行う
形状を確認後仕上がりを確認する
また，仮固定は必ず行う必要はない

⑯

前身頃 表面

前端線

表衿

表衿

裏衿（事前準備済）

裏衿

表 裏衿周囲地縫い

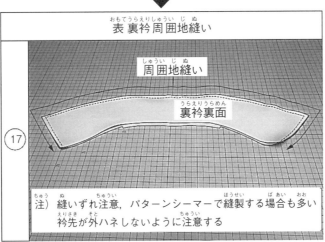

⑰

周囲地縫い

裏衿裏面

注）縫いずれ注意，パターンシーマーで縫製する場合も多い
衿先が外ハネしないように注意する

縫い代整理

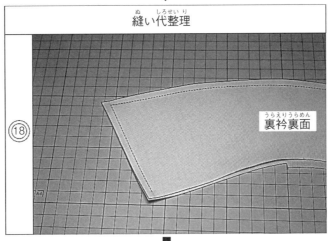

⑱

裏衿裏面

縫い代整理

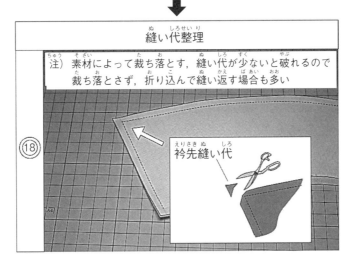

注）素材によって裁ち落とす，縫い代が少ないと破れるので
裁ち落とさず，折り込んで縫い返す場合も多い

⑱

衿先縫い代

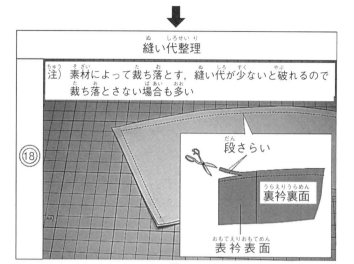

縫い代整理

⑱ 注）素材によって裁ち落とす，縫い代が少ないと破れるので
裁ち落とさない場合も多い

段さらい

裏衿裏面

表衿表面

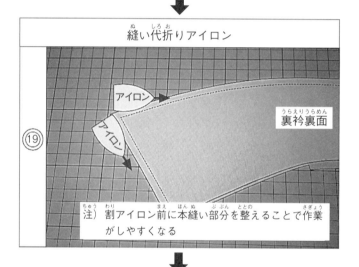

縫い代折りアイロン

⑲ アイロン

アイロン

裏衿裏面

注）割アイロン前に本縫い部分を整えることで作業
がしやすくなる

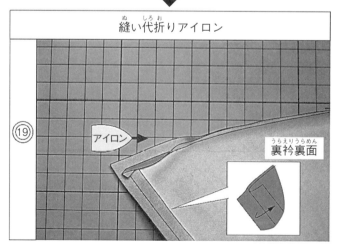

縫い代折りアイロン

⑲ アイロン

裏衿裏面

衿外端裏コバステッチ

⚠ 衿端地縫い後，裏コバステッチを入れる事で，縫い返し後形状を整えることが簡単になる

⚠ 以下に，裏コバステッチを入れる工程を説明する

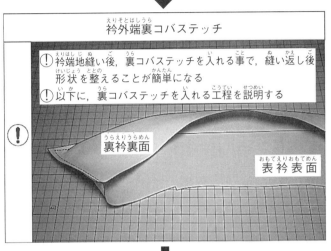

裏衿裏面

表衿表面

衿外端裏コバステッチ

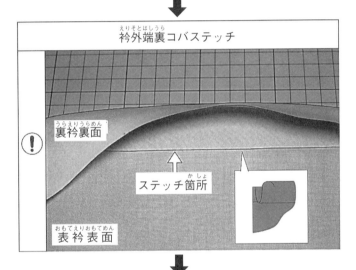

裏衿裏面

ステッチ箇所

表衿表面

衿外端裏コバステッチ

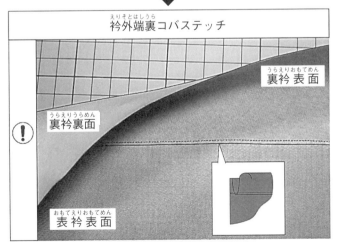

裏衿表面

裏衿裏面

表衿表面

衿外端裏コバステッチ

段付き押え金を使用すると安定したステッチを
入れることができる

裏衿表面

表衿表面

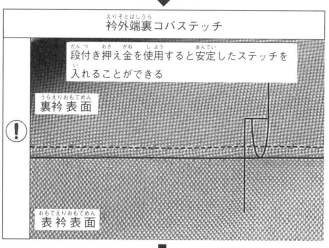

表返しアイロン

⑳

表衿表面

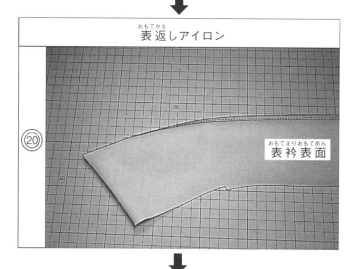

表返しアイロン

⑳

アイロン　　　　　　　　　アイロン

裏衿表面

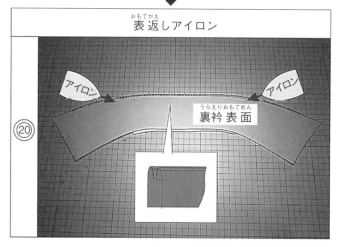

↓

表返しアイロン

注）衿形状が型紙通りに仕上がっているか確認すること

裏コバステッチはミシンが入るところまで

⑳

アイロン

裏衿 表面

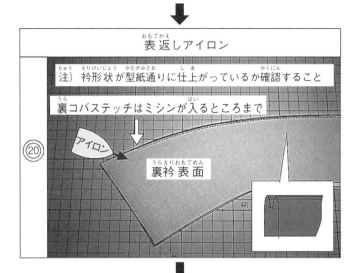

↓

表返しアイロン

⑳

表衿 表面

アイロン

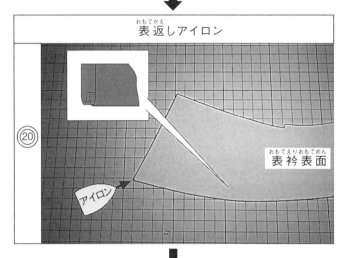

↓

見頃衿付け地縫い

注）この工程では，はさみ付けではなく表裏衿をそれ
ぞれ取り付け，縫代を縫い割る方法で説明する

衿付け止まり

㉑　衿を取り付ける

この間，中縫いする

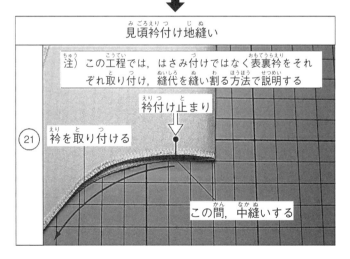

見頃衿付け地縫い

㉑

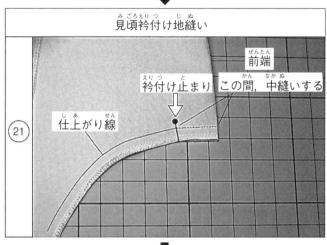

仕上がり線

衿付け止まり

前端

この間，中縫いする

見頃衿付け地縫い

㉑

表衿表面

後身頃表面

衿付け止まり

前身頃表面

SNP

付け止まりに衿の仕上がり端を合わせる

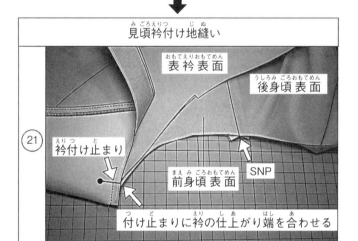

見頃衿付け地縫い

㉑

後身頃表面

表衿表面

衿付け止まり ─ 衿付け止まり

付け止まりに衿の仕上がり端を合わせる

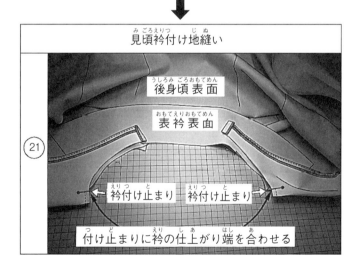

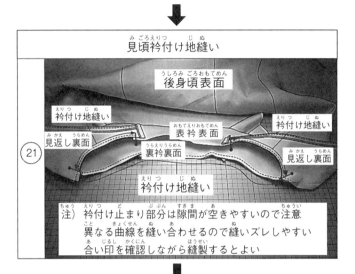

見頃衿付け地縫い

- 後身頃表面
- 衿付け地縫い
- 見返し裏面
- 表衿表面
- 裏衿裏面
- 衿付け地縫い
- 見返し裏面
- 衿付け地縫い

㉑

注）衿付け止まり部分は隙間が空きやすいので注意
異なる曲線を縫い合わせるので縫いズレしやすい
合い印を確認しながら縫製するとよい

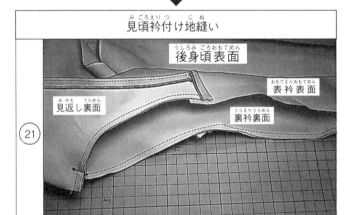

見頃衿付け地縫い

- 後身頃表面
- 表衿表面
- 見返し裏面
- 裏衿裏面

㉑

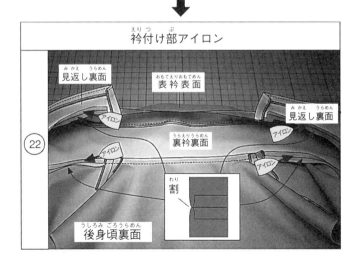

衿付け部アイロン

- 見返し裏面
- 表衿表面
- 見返し裏面
- アイロン
- アイロン
- 裏衿裏面
- アイロン
- アイロン
- 割
- 後身頃裏面

㉒

衿付け部アイロン

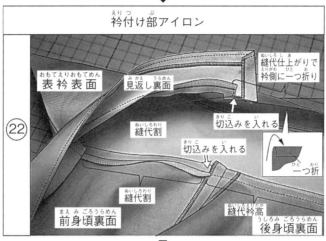

㉒

表衿表面　見返し裏面　縫代仕上がりで衿側に一つ折り

切込みを入れる

縫代割

切込みを入れる

一つ折

縫代割

前身頃裏面

縫代衿高

後身頃裏面

衿付け部アイロン

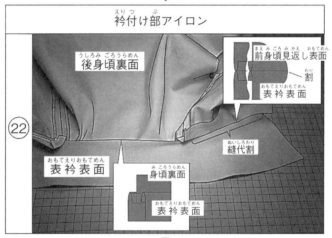

㉒

後身頃裏面

前身頃見返し表面

割

表衿表面

縫代割

表衿表面

身頃裏面

表衿表面

衿付け部アイロン

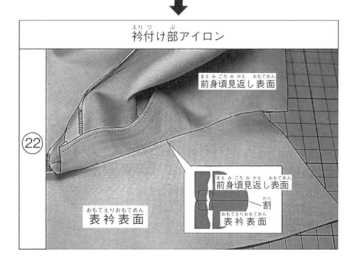

㉒

前身頃見返し表面

表衿表面

前身頃見返し表面

割

表衿表面

↓

！ 前見頃衿ぐり中綴じ ！

！ 前身頃衿ぐりの中綴じを説明する
　この説明では，衿伏せ工程の前に行うが，後からでも作業が可能
！ 以下に，中綴じが適正でないと不良の原因となる

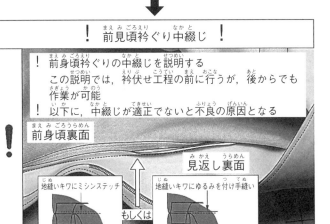

前身頃裏面

見返し裏面

地縫いキワにミシンステッチ

もしくは

地縫いキワにゆるみを付け手縫い

↓

！ 前見頃衿ぐり中綴じ ！

注）表裏衿ぐり寸法が同寸設計でない場合，均一にゆとりを入れ固定する

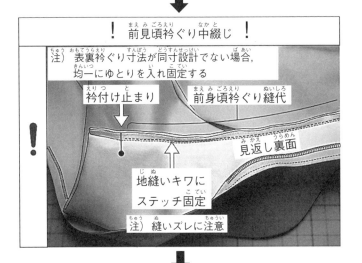

衿付け止まり

前身頃衿ぐり縫代

見返し裏面

地縫いキワにステッチ固定

注）縫いズレに注意

↓

衿伏せステッチ

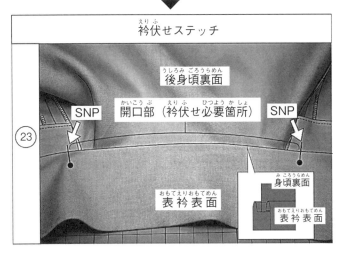

後身頃裏面

SNP　開口部（衿伏せ必要箇所）　SNP

表衿表面

身頃裏面

表衿表面

㉓

	衿伏せステッチ
㉓	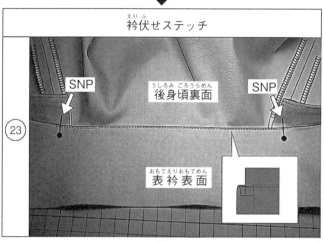

SNP　後身頃裏面　SNP
表衿表面

	衿伏せステッチ
㉓	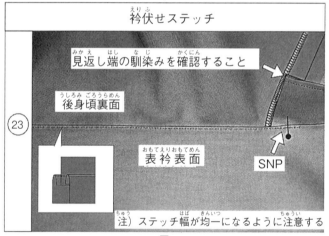

見返し端の馴染みを確認すること
後身頃裏面
表衿表面
SNP

注）ステッチ幅が均一になるように注意する

	形状整える（アイロン）
㉔	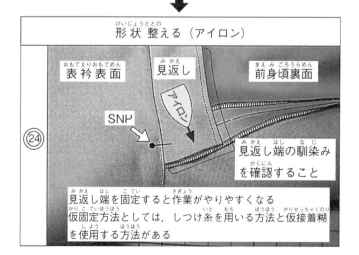

表衿表面　見返し　前身頃裏面
アイロン
SNP
見返し端の馴染み
を確認すること

見返し端を固定すると作業がやりやすくなる
仮固定方法としては，しつけ糸を用いる方法と仮接着糊
を使用する方法がある

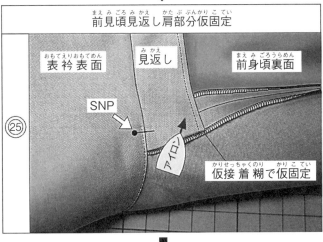

㉕ 前見頃見返し肩部分仮固定

表衿表面　見返し　前身頃裏面

SNP

アイロン

仮接着糊で仮固定

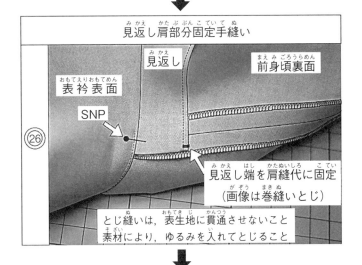

㉖ 見返し肩部分固定手縫い

見返し　前身頃裏面

表衿表面

SNP

見返し端を肩縫代に固定
（画像は巻縫いとじ）

とじ縫いは，表生地に貫通させないこと
素材により，ゆるみを入れてとじること

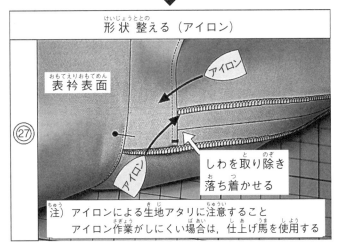

㉗ 形状整える（アイロン）

表衿表面

アイロン

アイロン

しわを取り除き
落ち着かせる

注）アイロンによる生地アタリに注意すること
　　アイロン作業がしにくい場合は，仕上げ馬を使用する

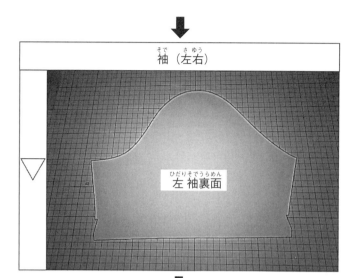

袖（左右）

左 袖裏面

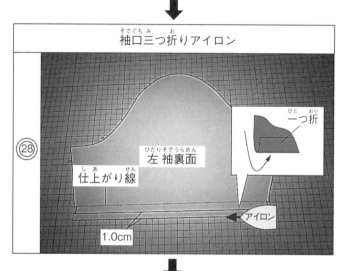

㉘

袖口三つ折りアイロン

一つ折

左 袖裏面

仕上がり線

1.0cm

アイロン

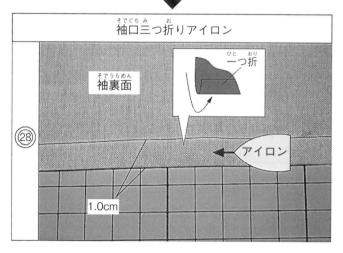

㉘

袖口三つ折りアイロン

一つ折

袖裏面

アイロン

1.0cm

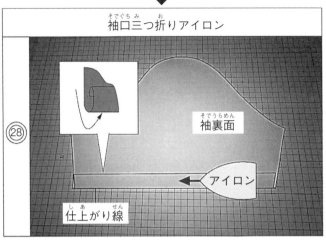

㉘ 袖口三つ折りアイロン

袖裏面

アイロン

仕上がり線

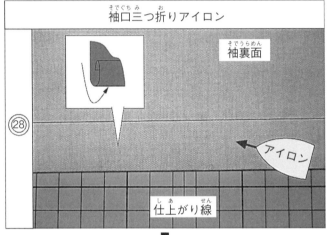

㉘ 袖口三つ折りアイロン

袖裏面

アイロン

仕上がり線

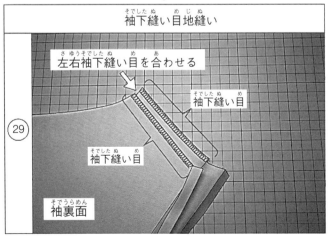

㉙ 袖下縫い目地縫い

左右袖下縫い目を合わせる

袖下縫い目

袖下縫い目

袖裏面

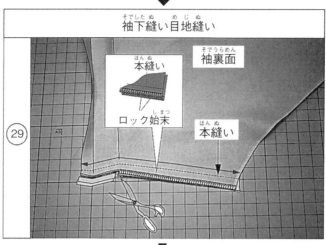

袖下縫い目地縫い

㉙

本縫い

ロック始末

袖裏面

本縫い

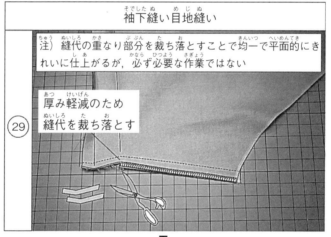

袖下縫い目地縫い

㉙

注）縫代の重なり部分を裁ち落とすことで均一で平面的にきれいに仕上がるが，必ず必要な作業ではない

厚み軽減のため縫代を裁ち落とす

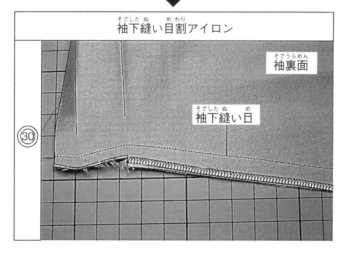

袖下縫い目割アイロン

㉚

袖裏面

袖下縫い目

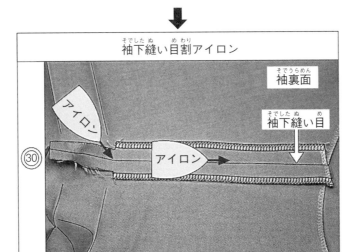

袖下縫い目割アイロン

袖裏面

袖下縫い目

アイロン

アイロン

㉚

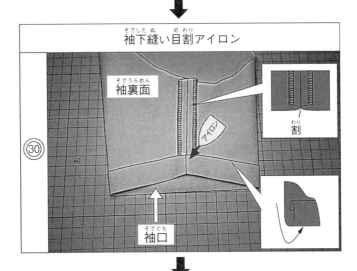

袖下縫い目割アイロン

袖裏面

アイロン

割

㉚

袖口

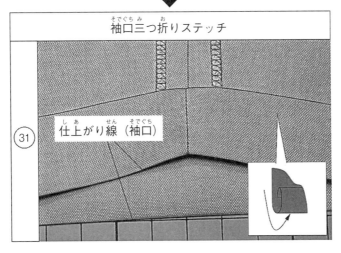

袖口三つ折りステッチ

仕上がり線（袖口）

㉛

袖口三つ折りステッチ

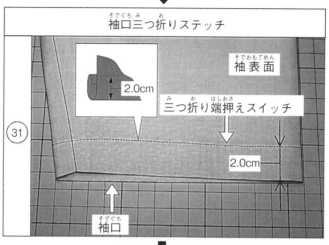

㉛

2.0cm

袖表面

三つ折り端押えスイッチ

2.0cm

袖口

袖口アイロン

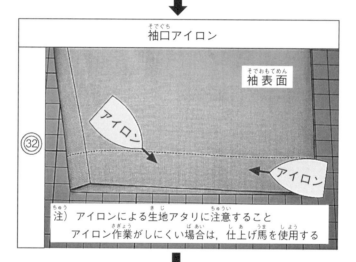

㉜

袖表面

アイロン

アイロン

注) アイロンによる生地アタリに注意すること
　　アイロン作業がしにくい場合は，仕上げ馬を使用する

袖付け地縫い

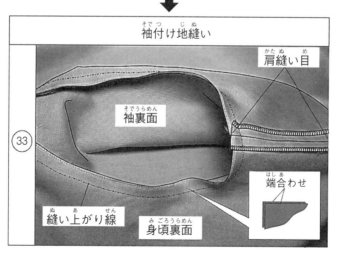

㉝

肩縫い目

袖裏面

端合わせ

縫い上がり線

身頃裏面

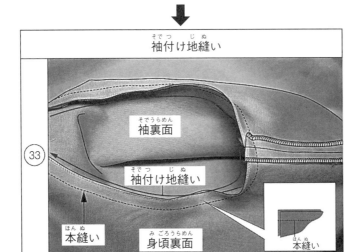

袖付け地縫い

㉝ 袖裏面　袖付け地縫い　本縫い　身頃裏面　本縫い

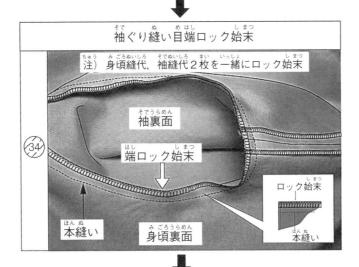

袖ぐり縫い目端ロック始末

注）身頃縫代，袖縫代2枚を一緒にロック始末

㉞ 袖裏面　端ロック始末　本縫い　身頃裏面　ロック始末　本縫い

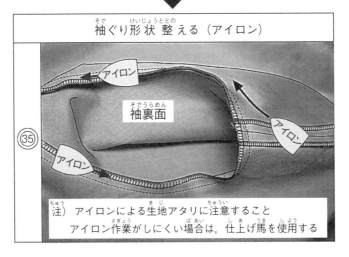

袖ぐり形状 整える（アイロン）

㉟ アイロン　袖裏面　アイロン　アイロン

注）アイロンによる生地アタリに注意すること
　　アイロン作業がしにくい場合は，仕上げ馬を使用する

フロント釦ホール・釦付け位置 印付け

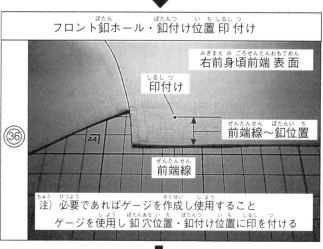

㊱

右前身頃前端 表面

印付け

前端線〜釦位置

前端線

注）必要であればゲージを作成し使用すること
ゲージを使用し 釦穴位置・釦付け位置に印を付ける

フロント釦ホール・釦付け位置印付け

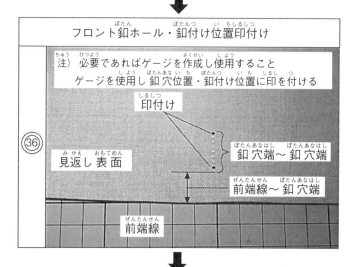

㊱

注）必要であればゲージを作成し使用すること
ゲージを使用し 釦穴位置・釦付け位置に印を付ける

印付け

見返し 表面

釦穴端〜釦穴端

前端線〜 釦穴端

前端線

！ 釦ホール部分ミシンステッチ固定 ！

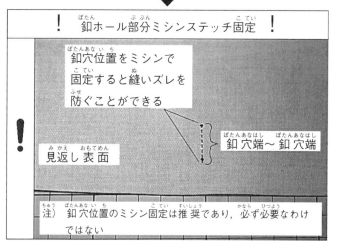

釦穴位置をミシンで
固定すると縫いズレを
防ぐことができる

釦穴端〜 釦穴端

見返し 表面

注）釦穴位置のミシン固定は推奨であり，必ず必要なわけ
ではない

フロント釦ホール

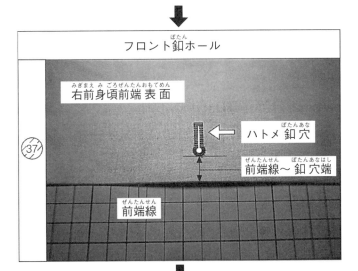

㊲

右前身頃前端表面

ハトメ釦穴

前端線〜釦穴端

前端線

！ 釦ホール位置と釦付け位置の再確認 ！

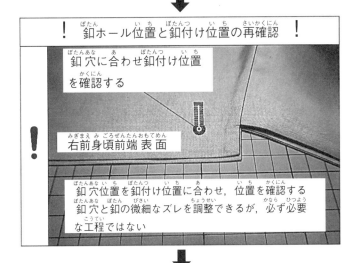

釦穴に合わせ釦付け位置を確認する

右前身頃前端表面

釦穴位置を釦付け位置に合わせ，位置を確認する
釦穴と釦の微細なズレを調整できるが，必ず必要な工程ではない

釦付け

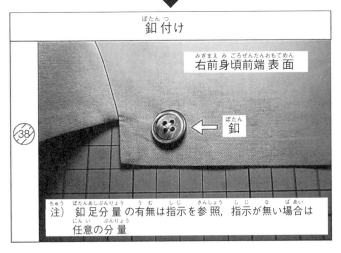

㊳

右前身頃前端表面

釦

注）釦足分量の有無は指示を参照，指示が無い場合は
任意の分量

釦付け

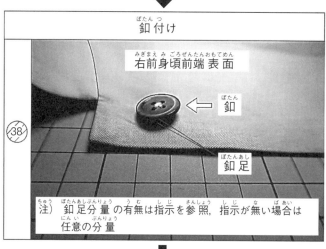

右前身頃前端 表面

← 釦

釦足

㊳

注） 釦足分量 の有無は指示を参照，指示が無い場合は
任意の分量

仕上げアイロン

㊴

アイロン

アイロン

注） プレス当たりに注意しながら作業する
アイロン台，アイロン馬を使用すること

前裾見返し端糸ループ止

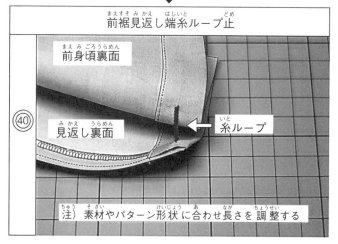

前身頃裏面

見返し裏面

← 糸ループ

㊵

注） 素材やパターン形状に合わせ長さを調整する

↓

前裾見返し端糸ループ止

㊵

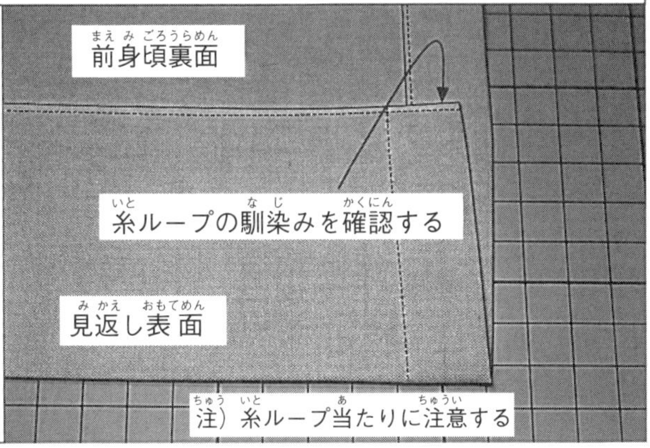
前身頃裏面
糸ループの馴染みを確認する
見返し表面
注）糸ループ当たりに注意する

↓

まとめ作業

㊶

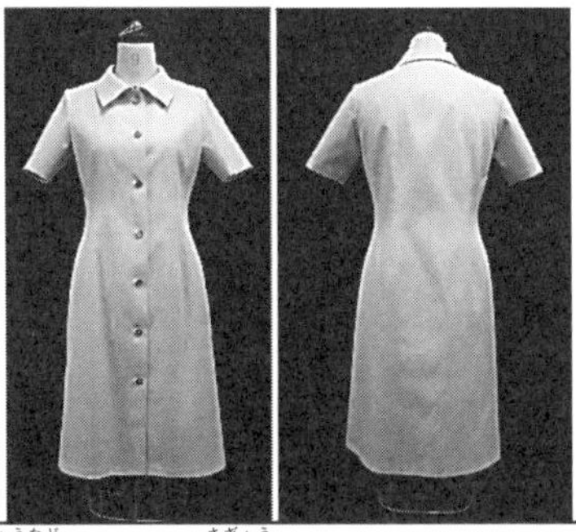

まつり作業等があれば作業する
糸切始末，糸くず付着，汚れ付着，縫製不良を確認する

↓

品質検査

◇

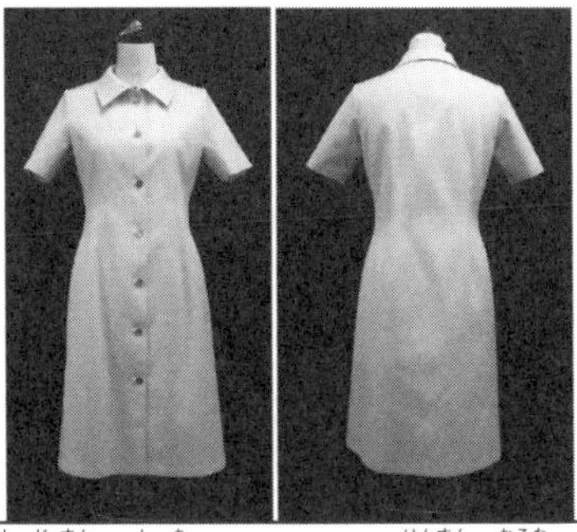

指示寸に仕上がっているか検寸を行う
縫製不良が無いか確認する

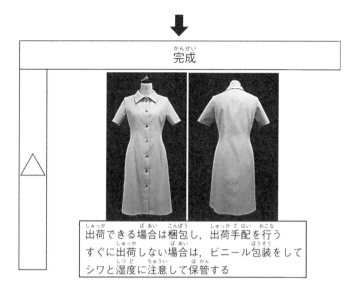

完成

出荷できる場合は梱包し，出荷手配を行う
すぐに出荷しない場合は，ビニール包装をして
シワと湿度に注意して保管する

図5-2-31　縫製手順の図解

　以上で完成です。縫製手順を理解します。とりあえず手順を追って縫製してみると理解が深まります。また，一度では身に付かないことも繰り返し学ぶことで技術の質が高まります。時間の許す限り繰り返し練習することを推奨します。

9．仕上がり確認

　仕上がりを確認します。量産実績のない型紙や素材では，予測していなかった不具合を生じることがあります。次回生産時は改善できるように原因を明確にして，作業の質を高め，製品の質を高めることが重要です。完成させ納品してで終わらず，製品の品質を確認し改善点を見つけることはとても重要です。

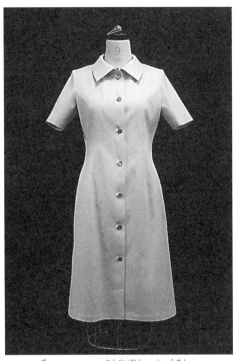

図 5-2-32　完成品（正面）

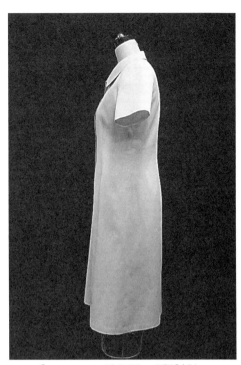

図 5-2-33　完成品（左側面）

図 5-2-34　完成品（背面）

図 5-2-35　完成品（右側面）

図 5-2-32 から 図 5-2-35 は完成品です。衣服は見た目の美しさが求められるだけでなく，着心地も評価されます。衣服のゆとりや分量感は見た目の美しさに影響がありますので，製品毎に美しさの基準が生まれることになります。

縫製現場で重要視される評価基準は，全体としてシワの少ない美しい見た目であり，縫い目のきれいさです。型紙が複雑な形状であれば縫製難易度が高くなり，縫い歪が起こりやすくなります。

可縫性が悪く，こなしにくい素材であったり，型紙形状が難しいと美しく仕上げにくいものです。その場合，美しく仕上げるために型紙に調整を加えるのも一つの手段です。型紙の形状によって得意不得意がある場合は，得意な形状に微調整することも必要になります。また，型紙の調整だけでなく，縫製仕様の調整や変更など美しく仕上げるために，可縫性を向上させる必要があるかもしれません。

デザインや構造的に適正な縫製仕様をイメージできるように，組立て手順を想像できるように，作業に努める必要があります。日々様々なものを縫製していると，自然に身に付く力や知識があります。また，日々縫製しないものや，縫製したことの無い手順の縫製仕様などにもチャレンジしてみると良いでしょう。

＜縫製物を美しく仕上げる手段，可縫性を向上させる手段＞
① 自身の縫製技術を向上させる
② 縫製仕様の検討・変更，得意な縫製仕様にする
③ 型紙を調整し，デザインが変わらない程度に縫いやすい形状に整える
④ 歪みやすい箇所は，接着芯地や伸び止テープを使用する

10．トワル段階での仕上がり確認

完成品での評価改善も必要ですが，衣類の品質を向上させるためにトワルを作成し，型紙や縫製仕様の確認をすることも必要です。

次に2種類の「トワル①」（図 5-2-36 から 図 5-2-39 参照）と「トワル②」（図 5-2-40 から 図 5-2-43 参照）を見てみます。

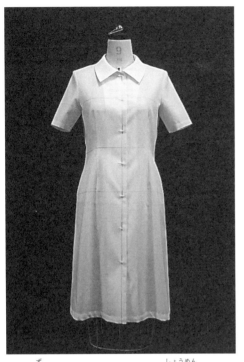

図 5-2-36　トワル①（正面）

図 5-2-37　トワル①（左側面）

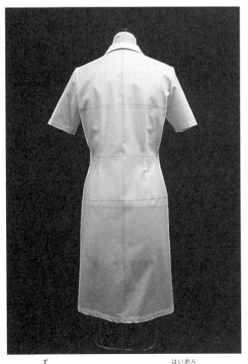

図 5-2-38　トワル①（背面）

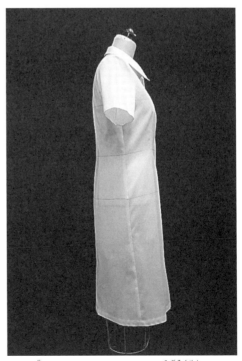

図 5-2-39　トワル①（右側面）

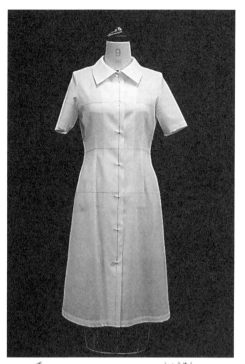

図 5-2-40　トワル②（正面）

図 5-2-41　トワル②（左側面）

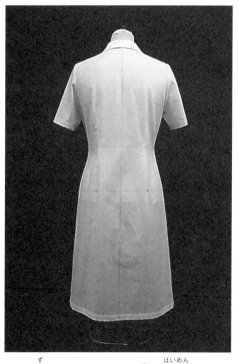

図 5-2-42　トワル②（背面）

図 5-2-43　トワル②（右側面）

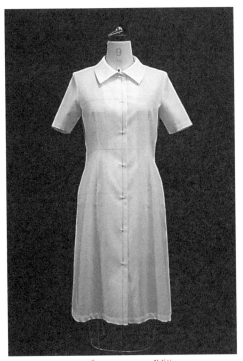
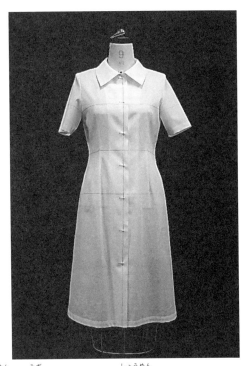

図 5-2-44　左がトワル①（正面），右がトワル②（正面）

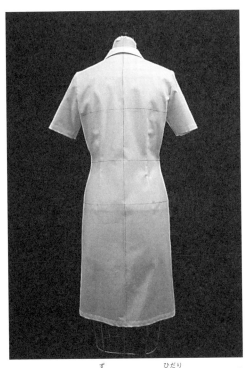
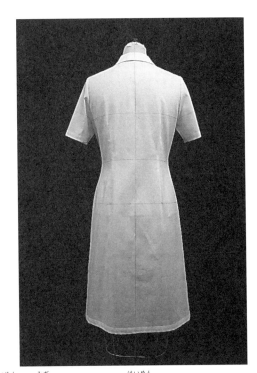

図 5-2-45　左がトワル①（背面），右がトワル②（背面）

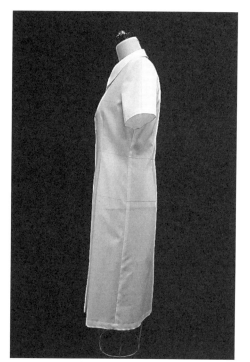

図 5-2-46　左がトワル①（左側面），右がトワル②（左側面）

　トルソー（人台又はボディ）に着せ付けると前後の厚みや距離のバランスにより着用感が異なります。想定した体型で作成されたシルエットが，既成のトルソー（人台又はボディ）に合う場合は良いですが，トルソー（人台又はボディ）では評価が難しい場合もあります。

　図 5-2-44 から図 5-2-46 の「トワル①」は微調整前，「トワル②」は微調整後のトワルです。着用させるトルソー（人台又はボディ）に合わせ調整しています。見た目が異なり印象が違います。トルソー（人台又はボディ）の姿勢や体型で変化する部分でもありますが，評価基準が既成のトルソー（人台又はボディ）に着せ付けた場合であり，「トワル②」を最良とするならば，「トワル①」は多少の微調整が必要です。

11.　まとめ

　実務作業について衣服の製造の流れを説明しました。衣服はたくさんの工程を通り，たくさんの人の意思で作りだされています。最初から完璧な製品ができることはなく，評価と改善の連続です。発注者から求められている衣服の品質水準に関わらず，縫製現場では縫製品の品質を評価し改善して，より良い衣服を作り出してください。

第3節　実務作業について　～裏地付きワンピースドレスの仕様～

　　第2節で実務作業について説明しました。縫製工場では多種多様な衣類を製造，縫製することになります。この節では第2節のワンピースドレスに，裏地やディティールを追加して，変化した場所と要点について説明します。

1．裏地付き衣類について

　　裏地について説明します。裏地は衣類の裏側に取り付けられる布のことです。この裏側の布は，保形や補強，すべりやすさ等を付加させるためのものです。裏地の機能・性能により付加される機能に差がありますので，衣類に期待される機能に合う裏地を選択する必要があります。また，裏地の種類により取り扱い方，つまり裁断や縫製作業のしやすさも変わるので注意が必要です。

　＜裏地とは＞
　　① 衣類の裏面側に取り付けられる布のこと
　＜裏地の生地による違い＞
　　① 裏地に使用する生地により機能・性能が異なる
　　② 裏地に使用する生地により可縫性が異なる

　　裏地について簡単に説明しました。現在，裏地に求められる基本性能としては「滑りやすさ」が求められていますが，「滑りやすさ」だけでなく，多様な機能を求められる場合がありますので注意が必要です。リバーシブルのデザインでは表裏共に表地使いになるし，裏側を表側に着用するデザインもあります。

　　滑りの良い裏地では，ポリエステルやキュプラ，ナイロン等が使われます。また，吸水性の有り無し，つまり親水性または疎水性であるのかは可縫性に影響します。アイロン作業に関わる部分なので，裏地の性能を理解し作業を行うことは重要なポイントとなります。

　＜滑りを付加したい場合に使用する主な裏地＞
　　① ポリエステル原料の裏地
　　　　石油原料の合成繊維です。相対的に安価であり，一般的に疎水性（縫いやすさのこと）で吸水性はありません。吸水性が無いということはリーク（電荷漏洩のこと）が少ないので静電気が発生しやすくなります。現在では親水性を付加されたポリエステルも開発されています。
　　② キュプラ原料の裏地

コットンリンター（綿花を採取した後の種子に残る繊維原料）を使用した再生繊維です。ポリエステル裏地に比べ高価です。製造工程にて丸い断面構造となるため，滑りが良く裏地に適しています。セルロース原料の再生繊維であり親水性です。リーク（電荷漏洩のこと）しやすいので静電気は発生しにくいです。

③ ナイロン原料の裏地

　　石油原料の合成繊維です。ポリエステル繊維と比べると吸水性・価格共に高くなります。ナイロンが親水性である理由はアミド結合によるもので，アミド結合により強靭性，耐衝撃性も得られています。日本製の衣類には使われることが少なく，欧州では一般的に用いられています。

　滑りを付加したいときに選ぶ裏地の種類について簡単に説明しました。付加したい機能に合わせ多様な裏地があります。組立てる製品の裏地選定に困惑することが無いよう，先入観で作業をしてはいけません。

　裏地は原料・組成により，滑りや裁断のしやすさが変わります。裏地が薄く華奢であれば，パッカリングが起こりやすく，縫いずれも起こりやすくなります。素材に合わせミシン調整も必要になります。縫製の不具合に適切に対処できるよう，前述したミシン調整を確認するとともに，実際に調整を行い不具合に対処する経験を積むことが大切です。

2．第2節実務作業との相違点

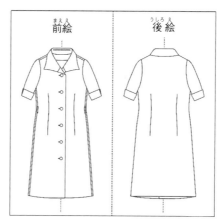

図5-3-1　裏地付きワンピースドレス①（デザイン画）

　図5-3-1は，第2節で説明した実務作業に多少アレンジを加えたデザイン画です。衿腰の追加やカフスの追加，ベルトループとウエストベルトの追加と身頃のみ裏地を追

加しました。図 5-3-1 ではウエストベルトを描いていませんが，次の図 5-3-2 はウエストベルトを取り付けた状態の絵型です。

＜第2節との主な相違点＞

① 前後身頃に裏地が取り付けられている

② 上衿・地衿の衿腰部分が切替えられている

③ 袖口に縫い込みカフスが取り付けられ，見返し始末になっている

④ ウエストベルトが追加されている

⑤ 左右身頃脇部分にベルトループが取り付けられている

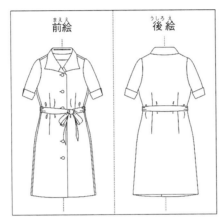

図 5-3-2　裏地付きワンピースドレス②（デザイン画）

図 5-3-2 はウエストベルトも書き込まれた絵型です。絵型で作り方やディティールを判断することはできません。必ず下記の①発注書，②型紙，③縫製仕様書の3点の内容を確認し，間違いや，矛盾点が無いか確認します。また，ベルトのあるデザインだとしても，絵型にベルトを書き込んでいない場合もあります。何事も絵型のみで判断せず，縫製仕様書と型紙，資材を確認することで間違いを防ぐことができます。

＜作業前に確認するもの＞

① 発注書

② 型紙

③ 縫製仕様書

縫製作業者自身で，この①〜③を全て確認することは少なく，担当する実務作業で必要となる箇所のみの加工計画書を確認する程度と思われます。しかし，全体を俯瞰し把握することで品質水準は確実に上がります。

縫 製 仕 様 書

デザイン名	品番	検番	工場名	年度/シーズン	ブランド	アイテム名	デザイナー/パタンナー	生産
婦人ワンピース	婦人ワンピース-裏有							

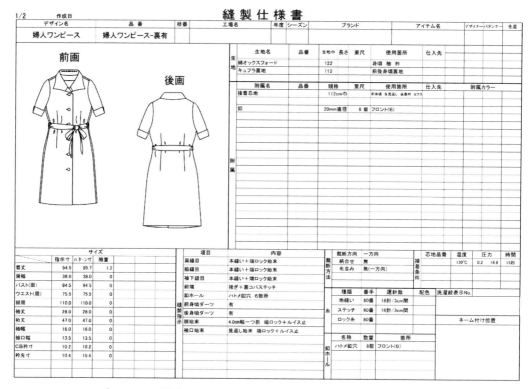

前画　後画

生地
生地名	品番	生地巾	長さ	要尺	使用箇所	仕入先
綿オックスフォード		122			身頃 袖 衿	
キュプラ裏地		112			前後身頃裏地	

附属
附属名	品番	規格	要尺	使用箇所	仕入先	附属カラー
接着芯地		112cm巾		前身頃 多見返し 後裏衿 カフス		
釦		20mm直径	6個	フロント(6)		

サイズ
項目	指示寸	パターン寸	限量
着丈	94.5	95.7	1.2
肩幅	38.0	38.0	0
バスト(周)	94.5	94.5	0
ウエスト(周)	75.5	75.5	0
裾周	110.0	110.0	0
袖丈	28.0	28.0	0
裄丈	47.0	47.0	0
袖幅	16.0	16.0	0
袖口幅	13.5	13.5	0
CB衿寸	10.2	10.2	0
衿先寸	10.4	10.4	0

縫製指示
項目	内容
肩縫目	本縫い＋端ロック始末
脇縫目	本縫い＋端ロック始末
袖下縫目	本縫い＋端ロック始末
前端	接ぎ＋裏コバステッチ
釦ホール	ハメ込釦穴 6箇所
前身頃ダーツ	有
後身頃ダーツ	有
裾始末	4.0cm幅一つ折 端ロック＋ルイス止
袖口始末	見返し始末 端ロック＋ルイス止

裁断方法
裁断方向	一方向
柄合せ	無
毛並み	無(一方向)

接着条件
芯地品番	温度	圧力	時間
	130℃	0.2 16.8	15秒

糸
種類	番手	運針数	配色	洗濯絵表示No.
地縫い	60番	18針/3cm間		
ステッチ	60番	18針/3cm間		
ロック糸	60番			ネーム付け位置

釦ホール
名称	数量	箇所
ハトメ釦穴	6個	フロント(6)

図 5-3-3　裏地付きワンピースドレス　縫製仕様書（例）

　図 5-3-3 は縫製仕様書の一例です。第 2 節での縫製仕様書と差異はあまりありません。先に説明した通りの違いですが，資材として裏地が追加されています。また，伸び止テープなどの副資材を使用する場合は，資材欄に記載があります。

　伸び止テープは，指示に無くても生産する側として安定した品質を確保したい場合は使用するべきです。発注側に伸び止テープの使用の是非を確認することが必要です。全ての衣類製造に必ずしも必要ではありませんが，縫い伸びや，形状の安定が難しい箇所には使用するべきです。これらの部分は一般的な価値観できれいに仕上げたい場合ですが，歪みをよしと判断する場合も少なからずあります。この辺りは個人での判断が難しいので，説明がない場合は必ず製造管理者に確認します。

＜伸び止テープなどの資材を使用する場合の確認事項＞
① 発注書
② 発注者が期待する仕上がり

表5-3-1　指示寸法と型紙寸法

寸法箇所	指示寸法	型紙寸法
着丈	94.5	95.7
肩幅	38.0	38.0
身幅	94.5	94.5
ウエスト	75.5	75.5
袖幅	110.0	110.0
袖丈	28.0	28.0
裄丈	47.0	47.0
袖幅	16.0	16.0
肘幅		
袖口幅	13.5	13.5
CB衿寸	10.2	10.2
衿先寸	10.4	10.4

（単位：cm）

　デザインによって指示寸法は変わりますが，扱い方が変わることはありません。仕上がり寸法に仕上げることが求められます。生地収縮や，縫製収縮等を踏まえ，製造することが求められます。生地収縮，主に緩和収縮の改善だけでは仕上がり寸に仕上がらない場合には，型紙調整や縫製仕様を工夫することも求められます（表5-3-1参照）。

＜生地による収縮＞
① 緩和収縮を改善するために放反する
② 緩和収縮を改善するためにスポンジングマシーンに通す

＜芯地接着・アイロン熱による熱収縮＞
① フラシ芯を使用する
② 低温でアイロン処理する
③ 大裁ち・荒裁ちをし，芯地接着後に裁断する
④ 熱収縮を計算し型紙に縮量を入れる

＜縫製による収縮＞
① 縫製収縮を計算し型紙に縮量を入れる
② 縫い込みすぎていないか縫代と縫製を確認する
③ 縫い縮がおきないよう，糸調子を適正にする（糸調子を緩くする）

収縮の原因を把握し，指示寸に仕上げることに変わりはありません。裏地がある場合，表地と裏地の収縮が適正でないと，どちらか一方の寸法が多くなるか，または少なくなることがあり，不良が発生します。表地の寸法だけではなく，裏地の寸法にも気を付けねばなりません。

一般的に裏地には表地よりゆとりを付けることで不良の発生を回避し，運動量を確保することで，着用しやすい構造となっています。裏地のゆとり分量は，少なすぎても，多すぎても着用感が悪くなり不良品となります。表面の仕上がり寸法に対して適正なゆとり分量が入っていなければなりません。

<裏地（衣類裏側に使用する生地）のゆとり分量において大切なこと>
①　衣類表面の仕上がり寸法に対して適正なゆとり分量が必要
②　中綴じする箇所を意識し，裏地のもたつきが出にくい状態にする
③　表側，裏側どちらからでも仕上げプレスがかけやすい設計にする

製造側としても仕上げアイロンのかけやすさは重要ですが，実用性の観点でもアイロン作業がやりやすいことはありがたい機能です。クリーニング事業者にとっても，作業がやりやすく，仕上げアイロンがきれいに仕上がりやすくなります。表地と裏地の分量調整が上手に仕上がっていると，製品の美しさと潜在的な価値が高まることになります。

指示寸法と裏地のゆとり分量について説明しました。古くからある衣服製造方法では，「裁ち合わせ」と呼ばれる中間工程で裏地の分量調整を行う作業もあります。現在でも「裁ち合わせ」工程を取り入れ高い品質の衣類を製造している工場は存在しています。

3．第3節実務作業のデジタルトワル

裏地付きワンピースドレスの型紙を用いたデジタルトワルを見てみます。定番の衣類や，シルエットが簡素なものであれば，3Dイメージで確認することも増えています。

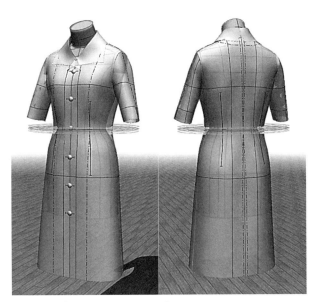

図 5-3-4　CAD 上の３Ｄイメージ

　図5-3-4はCAD 上の３Ｄイメージです。着装に優れた再現性のあるものが有り，活用する現場も増えています。

図 5-3-5　３Ｄ Viewer での３Ｄイメージ

　図5-3-5は３Ｄ Viewer で見たCAD の３Ｄイメージです。着装再現性は高くありませんが，高度で複雑な型紙でなければイメージしやすくなります。アパレル手配の型紙を工業化する前に，全体のバランスを確認することも，よりよい衣類を製造する前に

必要な作業になるかもしれません。無理無駄な作業をしないように，工夫をしながらより良い製品づくりをすることが求められてます。

　縫製仕様の確認，型紙チェックや型紙の工業化が完了しましたら，裁断，芯貼り，縫製へと移ります。

４．パーツの確認

表 5-3-2　資材とパーツ

資材名称	表地	裏地	芯地	附属
パーツ名称	表衿	左前身頃裏	表衿芯	フロント釦
	表衿腰	右前身頃裏	表衿腰芯	
	裏衿	左後身頃裏	裏衿芯	
	裏衿腰	右後身頃裏	裏衿腰芯	
	左前身頃		左前身頃端芯	
	右前身頃		右前身頃端芯	
	左後身頃		左前身頃見返し芯	
	右後身頃		右前身頃見返し芯	
	左前身頃見返し		後身頃衿ぐり見返し芯	
	右前身頃見返し		左袖カフス前側芯	
	後身頃衿ぐり見返し		左袖カフス後側芯	
	左袖		右袖カフス前側芯	
	右袖		右袖カフス後側芯	
	左袖カフス前側		左袖口見返し芯	
	左袖カフス後側		右袖口見返し芯	
	右袖カフス前側			
	右袖カフス後側			
	左袖口見返し			
	右袖口見返し			
	表ウエストベルト			
	裏ウエストベルト			
	左脇ベルトループ			
	右脇ベルトループ			
各パーツ合計	23パーツ	4パーツ	15パーツ	同径6個

　表 5-3-2 は資材とパーツの表です。身頃裏地が追加されているので裏地の欄があります。細かな資材を記入するのであれば，伸び止めテープや，繊維用仮接着糊も記載することになります。また，発注する側が記入していなくても，より良い衣服製品が

生産縫製できるよう，必要と感じる資材は使用するべきです。

　発注側が期待する仕上がりと，使用する資材に乖離がある場合は，発注側に伸び止めテープや，繊維用仮接着糊の使用の是非を交渉します。薄地素材に向けた伸び止テープも作られているので，ある程度の素材であれば使用できる資材があります。なお，追加の補強資材が必要ないのであれば，使用する必要はありません。

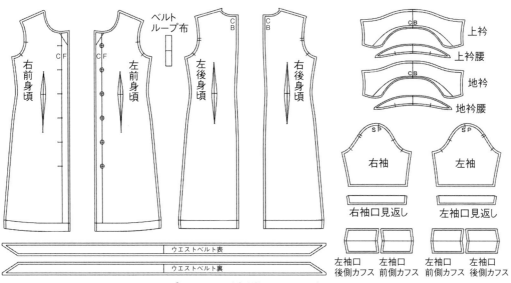

右前身頃　左前身頃　ベルトループ布　左後身頃　右後身頃　上衿　上衿腰　地衿　地衿腰　右袖　左袖　右袖口見返し　左袖口見返し　左袖口後側カフス　左袖口前側カフス　左袖口前側カフス　左袖口後側カフス　ウエストベルト表　ウエストベルト裏

図5-3-6　表側パーツ（例）

後衿ぐり見返し　右前身頃見返し　右前身頃裏　右後身頃裏　左後身頃裏　左前身頃裏　左前身頃見返し

図5-3-7　裏側パーツ（例）

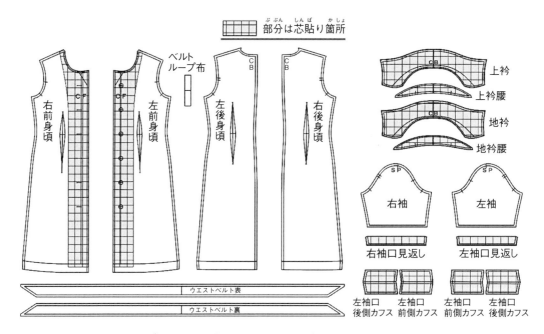

図 5-3-8　表側パーツ（芯貼り箇所）（例）

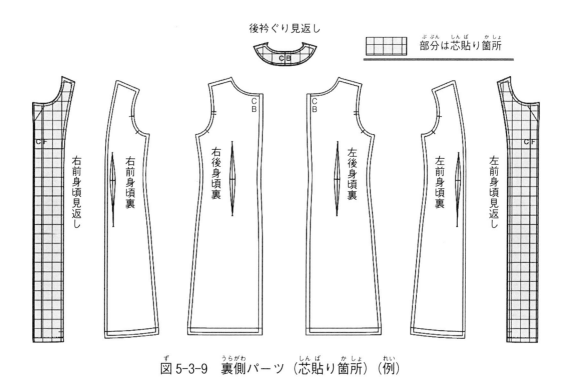

図 5-3-9　裏側パーツ（芯貼り箇所）（例）

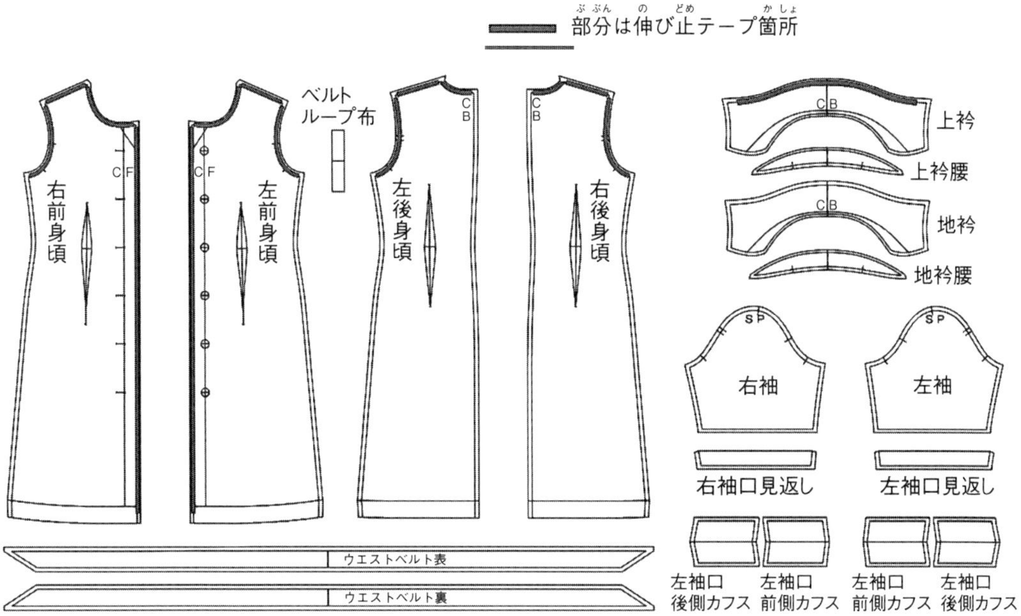

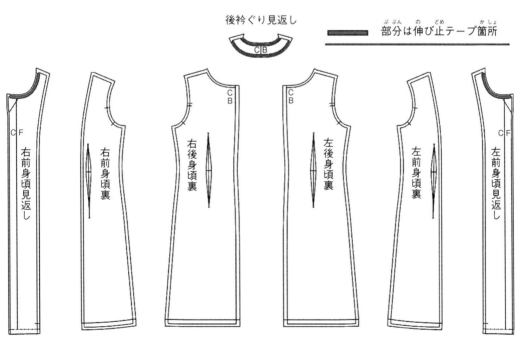

■■■ 部分は伸び止テープ箇所

ベルト
ループ布

右前身頃

左前身頃

左後身頃

右後身頃

CF

CF

CB

CB

上衿

上衿腰

地衿

地衿腰

CB

CB

SP

SP

右袖

左袖

右袖口見返し

左袖口見返し

左袖口
後側カフス

左袖口
前側カフス

左袖口
前側カフス

左袖口
後側カフス

ウエストベルト表

ウエストベルト裏

図 5-3-10　表側パーツ（伸び止テープ使用箇所）（例）

後衿ぐり見返し

CB

■■■ 部分は伸び止テープ箇所

右前身頃見返し

右前身頃裏

右後身頃裏

左後身頃裏

左前身頃裏

左前身頃見返し

CF

CB

CB

CF

図 5-3-11　裏側パーツ（伸び止テープ使用箇所）（例）

裏地付きワンピースドレスに用いる裁断物や，芯貼り箇所，伸び止テープの使用箇所を図5-3-6から図5-3-11に記載しました。第2節のワンピースドレスとの差異は主に裏地で，表生地の裏面が裏地で隠れます。そのため，接着芯の補強や伸び止テープの資材を使用しやすくなります。

　伸び止テープ使用箇所も図で記載していますが，必ず使用しなければいけないわけではありません。表生地や，仕上げたい品質に合わせて選定することが重要です。また接着部は厚く硬くなり気味です。接着せずにきれいに仕上がるのであれば接着する必要はありません。

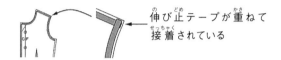

図5-3-12　伸び止テープ使用方法①（重ね）

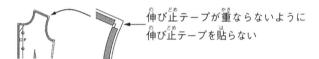

図5-3-13　伸び止テープ使用方法②（抜き）

　図5-3-12と図5-3-13は角部分の伸び止テープ使用方法の違いです。「重ね」または「抜き」となりますが，伸び止テープが重なると厚く硬くなるので厚みが出ないよう「抜き」が推奨されます。

　また，「抜き」で伸び止テープを接着したとしても，表地に芯地のアタリが出る場合や，テープ切断端で折れやすくなるなどの不具合が出ることもあります。特に袖ぐり（アームホール）は各身頃縫製前に伸び止テープを接着する場合と，各身頃縫製後に伸び止テープを接着する場合があります。そのため裁断物の形状保持の考え方により，伸び止テープを接着するタイミングが異なります。

＜袖ぐり（アームホール）伸び止テープの固定タイミング＞
　①　前身頃・後身頃をそれぞれ完了させる
　②　前身頃・後身頃を固定したい面（線）を確保・結合してから完了させる
　袖ぐり（アームホール）の伸び止テープ固定のタイミングは主に上記2種になります。どちらが良いということではなく固定するタイミングにそれぞれメリットとデメリットがあるだけです。裁断物のまま形状を崩したくないのであれば①となりますし，くせ

取り処理の必要がある場合やテープ資材を一続きで行う必要がある場合であれば②となります。後は製品の仕上がりとしてどちらが安定的に生産できるかが重要となります。

　伸び止テープについて簡単に説明しました。テープの幅や組成，材質や接着樹脂の有り無しなど，種類は豊富です。衣類構造の箇所毎に適した保形材料があります。衣類製造を発注する側が細かく，保形資材を把握し，使い分けていることは少ないかもしれません。製造現場にて可縫性や材質，衣類設計において伸び止テープの使用箇所と伸び止テープの仕様を体系化することも必要になるかもしれません。使用する理由と製品の仕上がりに矛盾がないように，適切な使用が求められています。

＜伸び止テープ・保形資材の種類＞
　①　ストレートテープ：タテ地を直線に通した芯地
　②　ハーフバイアステープ：12°〜15°の角度で裁断した芯地
　③　端打テープ：細幅の芯地と太幅のバイアステープを組み合わせたもの
　伸び止テープの種類は主に上記の3種類です。上記仕様だとしても組成が違うと性質が異なります。

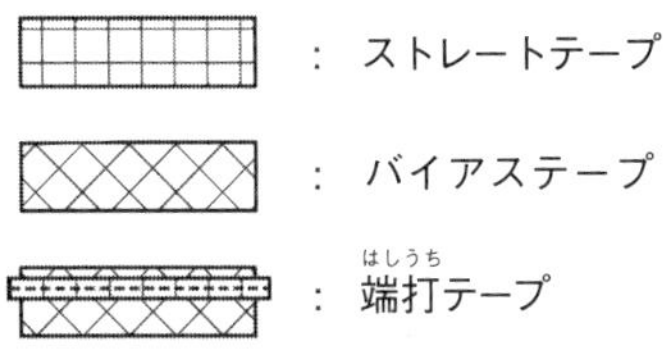

：ストレートテープ

：バイアステープ

：端打テープ

図5-3-14　伸び止テープ基本3種類

　図5-3-14は基本的な伸び止テープ3種類の図です。使用箇所の保形力をどのようにするかで，使用する種類が異なります。ある程度伸びて（動いて）よいのか，ほとんど伸ばしたくない（動かない）のかで使い分けます。伸び止テープの種類により推奨使用箇所が決まっていることが多いので，製造仕様書の案内を手本として使用します。

5．縫製仕様の確認
　それでは縫製仕様を確認します。第2節のワンピースドレスとの相違点は確認済みですが，ここでもう一度確認します。
＜第2節との主な相違点＞
　①　前後身頃に裏地が取り付けられている
　②　上衿・地衿の衿腰部分が切替えられている

③ 袖口に縫い込みカフスが取り付けられ，見返し始末になっている
④ ウエストベルトが追加されている
⑤ 左右身頃脇部分にベルトループが取り付けられている

　上記の①〜⑤が相違点です。縫製工程が増えているだけでなく，縫い方が異なる箇所もあります。縫製間違いを起こさないよう縫製仕様について，しっかりと確認する必要があります。

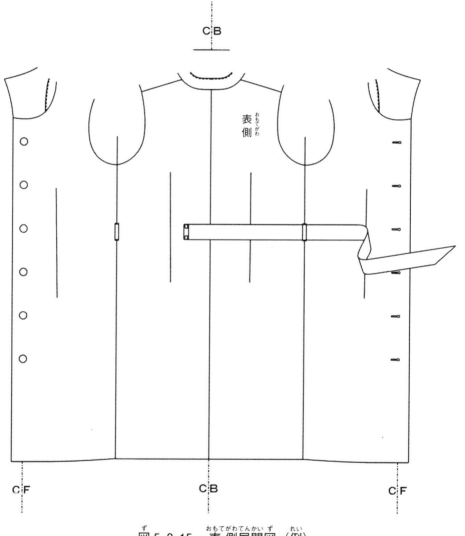

CB

表側

CF　　　　　　CB　　　　　　CF

図 5-3-15　表側展開図（例）

　基本的には図5-3-15のような展開図があります。発注側からの縫製仕様の図解は必ずあるものではありません。この場合は，受注側で縫製仕様を確認・調整し縫製します。受注側で仕様の確認がしやすいように，単純化した縫製仕様図にします。また

それでも判断できない場合などは，わかりやすいように，自分で書き込みを入れる場合があります。縫製仕様図に書き込む場合は汚さないように注意して書き込みます。

また，紙の仕様書では，縫製仕様図の紛失や衣類製品への混入にも注意します。

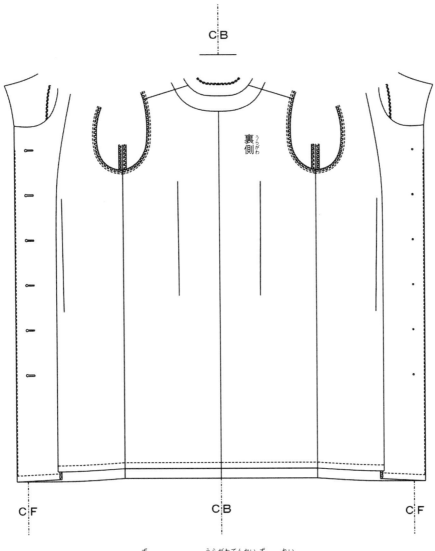

CB

裏側

CF　　　　　CB　　　　　CF

図 5-3-16　裏側展開図（例）

<縫製仕様書についての留意点・注意点>
① 紙の縫製仕様書を確認する場合は衣類製品への混入に気を付ける
② 図や言葉等，確認・判断しやすいように単純化する
③ 仕様書に書き込む場合は汚さないように注意する

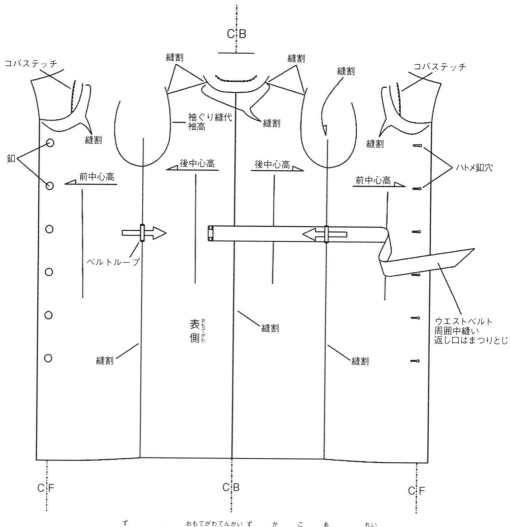

図5-3-17 表側展開図（書き込み有り）（例）

　図5-3-17は書き込みされている展開図です。自身で記入している場合は，自身が仕様を判断しやすいように書き込みます。また，書き方や縫製仕様の名称が体系化されている場合はそれに従い書き込むことで，誰が見ても判断しやすくなります。自分自身しか見ない場合であれば，自身が見やすく判断しやすい表示で問題ありませんが，多数の人が見て判断しなければならない場合は規則に従い表示します。

　・自身の確認用の縫製仕様書　→　自分が見やすく判断しやすいようにする
　・数人で確認用の縫製仕様書　→　体系化されている表記・表示にする

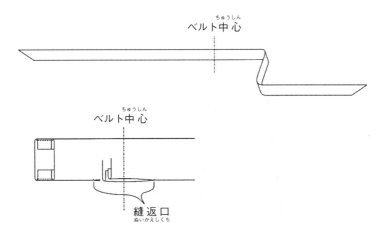

図5-3-18　ウエストベルト仕様図（書き込み有り）（例）

　図5-3-18はウエストベルトの縫製仕様図です。表裏の2パーツで構成されています。また，縫返口を空ける仕様が確認できます。縫返口は短い方がまとめ作業が少なくなるので，可能な範囲で短くします。ただし，縫返口が短すぎると，返しにくくなり，作業時間が多くかかることもあります。縫返口は，口寸と表に返す労力のつり合いが取れた状態が最良となります。

　ベルト部分に限らず角部分の縫返しは安定した形状を作り出すのが難しく，手間のかかる箇所です。使用する生地や形状により様々ですが，縫い代の整理や地縫い後の中間アイロンが必要になったりします。また，しっかりと地縫い線で整えることができないと，キセがかかってしまい，キセ分量分だけ形状がやせてしまうことで，正しい寸法に仕上がらないことがあります。キセに注意しても素材の厚みで正しい仕上がり位置で仕上がらない場合は，不足する寸法分を調整し，指示寸通りに仕上がるようにすることも必要となります。

　　・キセがかからないように，仕上がり線（地縫い線）で仕上げる
　　・仕上がり線（地縫い線）で仕上がらない場合は不足分を型紙で調整する

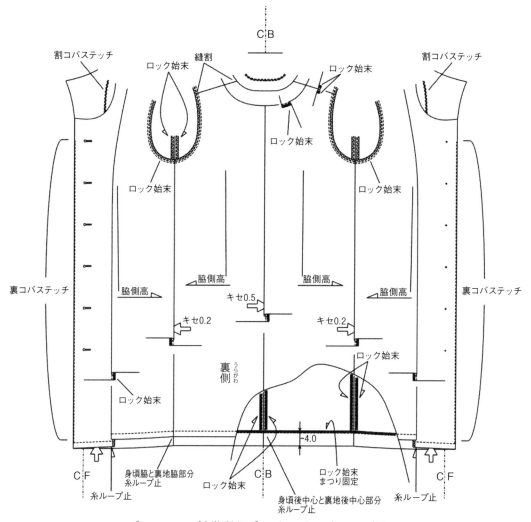

図 5-3-19　裏側展開図（書き込み有り）（例）

　図5-3-19は書き込みされている裏面の展開図です。裏地が無いものは裏面の始末が判断しやすいですが，裏地があるものは，内部の隠れてしまう箇所の仕様などは判断しにくい場合があります。見える部分だけでなく，裏地で隠れてしまう部分の仕様も判断しやすい状態にします。

　　・裏地で隠れてしまう箇所の仕様を確認する

　　・図で表記しにくい場合は理解しやすい言葉で表記する

　展開図を見ながら縫製仕様を確認しました。縫製箇所が増えると展開図だけでは仕様を判断しにくい場合があります。その場合，確認したい部分の仕様図を拡大して表記する部分仕様図を用います。部分仕様図も発注側が表記してくる場合もありますが，

表記が無い場合は部分仕様図を作成します。また，工場で縫製仕様を標準化している場合はそれに準じます。

　前記で第2節との相違点を再確認しましたが，相違点は下記の通りとなっています。追加されているパーツが有り，裏地も付いていますので縫製仕様が異なることが想像できます。

<第2節との主な相違点>
① 前後身頃に裏地が取り付けられている
② 上衿・地衿の衿腰部分が切替えられている
③ 袖口に縫い込みカフスが取り付けられ，見返し始末になっている
④ ウエストベルトが追加されている
⑤ 左右身頃脇部分にベルトループが取り付けられている

相違点について，部分仕様図を用いて順に説明します。

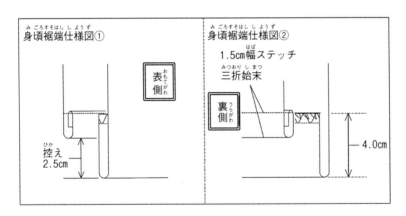

図 5-3-20　身頃裾　部分縫製仕様図

　図 5-3-20 は身頃裾の部分縫製仕様図です。裏地の取り付け方には種類があり，それぞれ縫製仕様も異なります。図 5-3-20 では裾フラシ仕立てで，裾部分を表裏縫い合わせない仕様になっています。完全に隠れずに内部構造が見えやすいので，裁ち端の処理や裏地の止付け方に気を使う必要があります。表裏裾端が止まっていないことで，お互いに干渉しない利点があります。

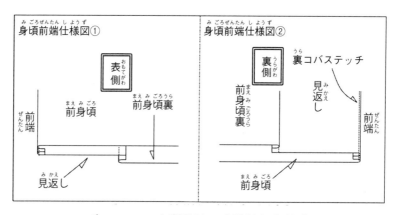

図 5-3-21　身頃前端　部分縫製仕様図

　図 5-3-21 は身頃前端の部分縫製仕様図です。身頃裏地の取り付けがありますので，裏地も表記されています。前身頃の裏地は身頃前端見返しと接ぐことになります。前端部分に裏コバステッチが入っています。裏コバステッチは表側から見えないようにすることが標準的なので，着用の仕方やデザインにより，ステッチ箇所は制限されることになります。

　裏コバステッチを入れることで，仕上がり線できれいに仕上がりやすく，アイロン作業がやりやすくなります。生地の厚さにより縫代整理が必要になることもありますので，求める仕上がりに対して，適正な工程順序で裏コバステッチを入れると良いです。

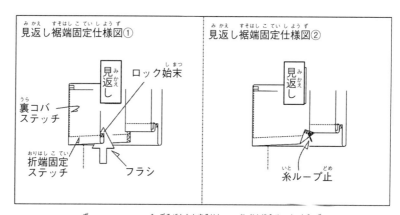

図 5-3-22　身頃前端裾端　部分縫製仕様図

　図 5-3-22 は身頃前端裾の部分仕様図です。この部分は中縫いも可能ですが今回はフラシ仕立てで，糸ループ止になっています。フラシの利点として表裏パーツが干渉しにくいので，生地収縮などの不具合を軽減することができます。

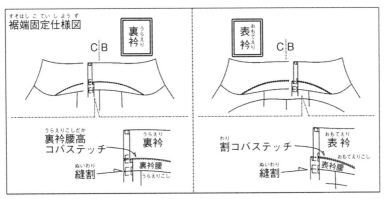

図 5-3-23　表 裏衿　部分縫製仕様図

　図 5-3-23 は 表 裏衿の部分仕様図です。衿腰切替を作る型紙操作，設計 調整があることで，衿返り線の落ち着きがよくなります。裏衿側の縫代は衿腰高，表 衿側の縫代は割にすることが多く，切替位置は 表 裏衿で重ならない異なる位置に作ります。衿腰高であることで，帰り線に近い位置に切替を作っても帰り線に干 渉しないのに対して，割ですと縫代幅分帰り線側に倒れることになり，帰り線に干 渉します。
　　・衿腰切替縫代　→　衿腰高：返り線に干 渉しにくい
　　・衿腰切替縫代　→　割　　：返り線に干 渉しやすい
　　上記理由により裏衿側の縫い目は返り線に近いのに対して，表 衿側の切替縫い目は返り線より多くの距離をとることになります。

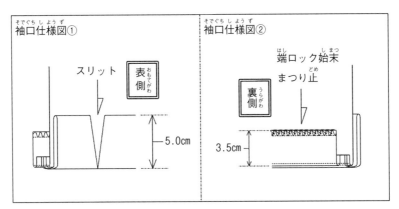

図 5-3-24　袖口始末とカフス　部分縫製仕様図

　図 5-3-24 は袖口始末とカフスの部分仕様図です。カフスは袖口続きではなく袖口に縫い込む仕様になっています。袖口の周 囲に飾りカフスが取り付けられるので，外側にあるカフスパーツは，内側にある袖口寸に対して長くする必要があります。カフス

パーツは袖口で切り離されているので，型紙調整しやすくなります。使用する素材によって分量は変わります。必ず素材に対して適切な調整を行います。

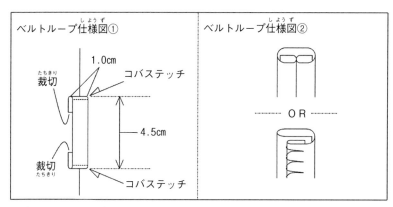

図5-3-25　身頃両脇ウエストベルトループ　部分縫製仕様図

　　図5-3-25はベルトループの部分仕様図です。ベルトループの作り方は多くの種類があります。工場で縫製仕様が標準化され，仕様が確定している場合はそれに準じます。また，発注側より作り方の指示があり，縫製場で標準化された仕様と異なる場合は，発注側に確認を取り仕様を確定させます。
　　第2節との相違点について説明しました。基本が理解できれば，後はパーツや仕様が増えるだけなので，縫製工程や縫製仕様を想像しやすくなります。縫製手順や縫製仕様も一通りではありませんが，定番的な衣服であれば縫製工程が最適化されています。体系化された基本的な縫製手順を参考にすると良いでしょう。また，段取りに慣れない始めのうちは基本的な工程順序で縫製を理解すると良いでしょう。

6．まとめ

　　第2節を参考に仕様の追加部分を説明しました。型紙と縫製だけでなく，美しく仕上げるためには全工程を通して正確な作業が求められます。衣服製造に限らず，製品を美しく仕上げるには，日々の研鑽と問題の解決が必要不可欠です。本書が衣服製造の現場で役立つことを願っています。

（参考）用語集

a：繊維材料，裏地芯地，ミシン糸，副資材
b：縫製工程，作業技術
c：機械（ミシン・アイロン），工具，備品（針・アタッチメント）
d：パターン設計，裁断作業，裁断，機器
e：まとめ工程，仕上げプレス，仕上げ機器
f：ファッション，服種
g：縫製技術，品質，検査
h：生産管理，システム
i：安全衛生，職場環境，その他

			あ行	
No	用語	ひらがな	内容，意味	区分
1	合い印（ノッチ）	あいじるし（のっち）	縫製作業を補助する縫い合わせの切込み印のことです。ノッチとも言います。	g
2	アイロン	あいろん	縫製加工処理で生地を折ったり割ったりする道具です。	c
3	アイロン焼け	あいろんやけ	アイロンを当てることで生地が変色したり風合いが硬くなることです。	g
4	麻	あさ	天然繊維の一つです。夏物衣料の生地として使われることが多い。	a
5	汗吸水性	あせきゅうすいせい	汗等の水分を吸収しやすい性質のことです。	g
6	当たり	あたり	アイロンの圧力で生地に目つぶれや光沢がでることです。	g
7	圧力	あつりょく	アイロン掛けやプレス作業で加工処理する時に生地にかける力のことです。	i
8	当て布	あてぬの	アイロンを掛けるときに生地の傷みや当たりを防ぐ目的である当てる布のことです。	a
9	穴かがり	あなかがり	穴状になった部分をほどけないようにする，かがり縫いのことです。	b
10	油差し	あぶらさし	機械が無理なく動くようにミシンの摩擦面に潤滑油をさす容器のことです。	c
11	綾織	あやおり	生地の三原組織の一つです。経糸が2本もしくは3本の緯糸の上を通過した後，1本の緯糸の下を通過することを繰り返して織られます。他に平織，朱子織があります。	a
12	粗裁ち	あらだち	裁断作業の生地を取り扱いやすくするために概略裁ちすることです。特に芯張りなどする場合に，生地に芯地を接着することで表地の縮みが出たりします。高温で生地が縮むために裁断時に前もって大きく裁断してから芯張り作業終了後に積み直してピッタリに裁断します。	d

13	いせ込み不良	いせこみふりょう	いせ込んだ箇所の形が不良なことです。	g
14	いせる	いせる	立体感を持たせる工程で，ギャザー状に縫わないよう片方の生地を少し縮めて縫うことです。	b
15	一方向延反・裁ち	いちほうこうえんたん・たち	裁断方法の一つです。表生地を同じ方向にした状態で重ね，延反して裁断する方法のことです。	d
16	一般織物	いっぱんおりもの	最も標準的な平織や綾織の布地のことです。	a
17	糸	いと	布地と布地など，縫合するための資材のことです。	a
18	糸切れ	いとぎれ	縫い糸が切れることです。	g
19	糸始末不良	いとしまつふりょう	縫い始め，縫い終わりに糸端の切り忘れや切り残し等が生じることです。	g
20	糸調子	いとちょうし	ミシンの上糸と下糸のテンションを調節してバランスをとることです。	g
21	糸調子不良	いとちょうしふりょう	縫い目が不揃いであったり，上下糸の締まりのバランスが悪いことです。	g
22	糸ひけ	いとひけ	縫い針，裁断器具で織糸が動いたり，柄崩れを起こすことです。	g
23	薄地・薄物	うすじ・うすもの	繊維の細い糸で作られた生地のことです。シホンジョーゼット等のことです。	a
24	裏地	うらじ	衣服の裏に使用する生地のことです。	a
25	上糸	うわいと	ミシン機構で糸立て棒から送られる糸のことです。	a
26	上着	うわぎ	肌着，中衣，外衣のうち外衣のことです。ジャケット，コート，ブルゾン等のことです。	f
27	運針	うんしん	ミシン縫いでの針の運び方のことです。1インチまたは2cm間の運針数（針目の数）が指定されることがあります。	b
28	エアリーストリング（AiryString）	えありーすとりんぐ	ファスナーテープを無くしたファスナーのことです。エレメントを直接布地に縫い付けます。	b
29	えくぼじわ	えくぼじわ	ダーツ先端や袖山にできる不自然なくぼみのことです。	g
30	衿	えり	首回りにデザインした付属品のことです。	b
31	衿ぐり	えりぐり	衿の内側の長さのことです。	b
32	衿なし	えりなし	衿を付けないでデザインした服のことです。	b
33	延反	えんたん	裁断するために生地を裁断台に広げ，決められた長さで切り積み重ねることです。	d
34	オーバーロック・ミシン	おーばーろっく・みしん	生地端を縁かがりするミシンのことです。	c
35	奥まつり	おくまつり	生地の折り目から少し入ったところのまつりのことです。	c
36	押え金	おさえがね	ミシン機構で生地を上から押さえる金具です。	c
37	押え調節ネジ	おさえちょうせつねじ	ミシン機構で押え棒の上部にある圧力調節のネジです。	c
38	落とし縫い	おとしぬい	地縫いして返したところに表の縫い目線から縫う縫い方です。	b

39	表衿	おもてえり	衿の表のことです。	b
40	表地	おもてじ	衣服の表に使用する生地です。	a
41	折り返し延反	おりかえしえんたん	延反方法の一つです。生地を往復させて重ね揃えます。	d
42	折り代（ヘム）	おりしろ（へむ）	布地の折り目から布端までの部分またはその寸法です。ヘムとも言います。	d
43	折り縫い	おりぬい	地縫いする布端を指や巻き具で折りながら縫うことです。	b
44	織物	おりもの	布地の一種です。他に編物，不織布等があります。	a

か 行				
No	用 語	ひらがな	内容，意味	区分
45	外出着	がいしゅつぎ	室外で着る衣服のことです。	f
46	解反	かいたん	巻かれている原反を解いて，置くことです。	d
47	返し縫い	かえしぬい	ほつれ止めを目的に縫い始めと縫い終わりにバック縫いする縫い方です。	b
48	化学繊維	かがくせんい	石油を原料とした繊維です。ナイロン，ポリエステル，アクリルが代表的です。	a
49	かがり縫い	かがりぬい	生地のほつれを防止する縫い方です。かがり専用ミシンを用います。	b
50	かがる	かがる	糸で縫う縫い方の一つです。ほつれを防止します。	b
51	額縁縫い	がくぶちぬい	角縫いの一種で出来上がった状態が額縁の角のような縫い方です。	b
52	飾り縫い	かざりぬい	装飾を目的とした縫い方です。生地の表に縫い目が出ます。	b
53	型入れ（マーキング）	かたいれ（まーきんぐ）	裁断する前に紙に図引きすることです。マーキングとも言います。	d
54	型紙	かたがみ	パターンを紙などに原寸大に表したものです。	d
55	肩パット	かたぱっと	上着の肩の部分に入れるパットのことです。肩から袖付け具合をきれいに見せることができます。	a
56	角縫い	かどぬい	生地の角の部分を縫うことです。	b
57	柄合わせ	がらあわせ	生地の柄に合わせて型紙の配列や裁断をすることです。	d
58	空環	からかん	布地が無い状態でロックミシンを運動させたときに繰り出される縫い糸のことです。縫い始めと縫い終わりに付いています。	b
59	仮止め	かりどめ	数枚の布を重ねて縫う場合，正確かつ楽に縫えるよう，仮に止め縫いすることです。	b
60	仮縫い	かりぬい	仮止めと同じ目的で，運針を大きくして仮に縫い付けることです。	b
61	閂止め	かんぬきどめ	縫い目が解けやすい箇所やポケット口を補強縫いすることです。ボタンホールなどの糸端を止めて解れないようにします。	c

No	用語	ひらがな	内容，意味	区分
62	緩和収縮	かんわしゅうしゅく	熱や蒸気によって生地が伸びたり縮んだりすることです。特に強撚糸で織った生地は動きやすい。	g
63	きせかけ	きせかけ	地縫い線に対しゆとりを持たせることです。	a
64	絹糸・絹地	きぬいと・きぬじ	カイコのマユから取った糸・マユでできた糸で作った生地です。	a
65	ギャザー	ぎゃざー	生地を細かく縫い縮めた状態のことです。	b
66	ギャバジン	ぎゃばじん	綾織りの代表的な生地です。	a
67	曲線縫い	きょくせんぬい	曲がった線を縫うことです。衣服は平面の生地を曲線縫いで立体化することで作られます。	b
68	きりびつけ	きりびつけ	正確に縫うための糸による印付けのことです。ダーツポイントやポケット口印など。	d
69	クーリング	くーりんぐ	プレスした生地を冷やすことです。	i
70	くさり止め	くさりどめ	糸を鎖状にして止めることです。	b
71	くせとり	くせとり	生地を立体化し美しい曲線を出すためのアイロン技法のことです。	b
72	検反	けんたん	生地巾，長さ，色むら，キズ等が基準内であるかどうか反物を検査することです。	d
73	合成繊維	ごうせいせんい	ナイロンやポリエステル等の長繊維です。	a
74	合成たん白質	ごうせいたんぱくしつ	人工クモの糸，ブリュードプロテイン等の微生物などを使って合成される繊維です。	a
75	光沢	こうたく	生地の表面につやが出ている状態を言います。	g
76	５Ｓ	ごえす	整理，整頓，清潔，清掃，しつけ（習慣）のことです。	h
77	コードパイピング	こーどぱいぴんぐ	コード芯を入れたバイヤステープのことです。主に縁飾りに用い，縫い込んで使用します。	c
78	コバステッチ	こばすてっち	生地の織り目または地縫い線の端に縫います。飾り縫いの一種です。	b

さ　行				
No	用語	ひらがな	内容，意味	区分
79	サージ	さーじ	生地の種類のことです。羊毛の綾織等に用いられます。	a
80	災害防止事項	さいがいぼうしじこう	現場での事故や災害の発生を防ぐための注意点のことです。	i
81	再生繊維	さいせいせんい	繊維の多い植物から化学的に繊維素を取り出して作られる繊維のことです。レーヨン，キュプラ等です。	a
82	裁断	さいだん	型紙をもとに生地を目的の形または大きさに切ることです。	d
83	刺し縫い	さしぬい	２枚以上重ねた布を，一針ごとに針を抜き通す縫い方。	b
84	サテン	さてん	生地の一種です。朱子織りが用いられます。	a
85	仕上げプレス	しあげぷれす	最後の工程で衣服にかけるプレスのことです。	e

86	地糸切れ	じいとぎれ	ミシン針や送り歯で生地が破損することです。特にニット素材に多い。	b
87	地衿	じえり	2枚合わせの衿のうち裏側の衿のことです。衿の形と張りを保ちます。	b
88	下糸	したいと	ボビンに巻く糸のことです。	a
89	しつけ	しつけ	人の言動に対する礼儀作法のことです。	i
90	しつけ縫い	しつけぬい	2枚以上の生地を仮止めすることです。	b
91	地縫い	じぬい	生地を中表にして縫い合せる縫い方です。	b
92	地縫い糸	じぬいいと	生地をミシンで縫い合せる時に使う糸のことです。	a
93	地の目	じのめ	生地の経糸または緯糸の線のことです（布目）。	i
94	地のし（縮絨）	じのし（しゅくじゅう）	生地の収縮を取り除き，地の目を修正するアイロン等による処理加工のことです。	d
95	染み出し	しみだし	接着剤が表地等の表面ににじみ出てくることです。	g
96	ジャージ	じゃーじ	編物で作られた生地のことです。	a
97	シャーリング	しゃーりんぐ	一定間隔で2本以上の縫い目の波形のヒダを作ることです。	b
98	ジャケット	じゃけっと	単品の換え上着のことです。	f
99	シャツ	しゃつ	中間着のことです。	f
100	シャネルスーツ	しゃねるすーつ	衿なし丸首の衿デザインのジャケットとタイトスカートを組み合わせたスーツのことです。「シャネル」がデザインとして発表したものです。	f
101	収縮	しゅうしゅく	熱や水によって生地が縮まる性質です。	b
102	縮絨	しゅくじゅう	生地を収縮させながら，地の目を修正することです。	b
103	朱子織	しゅすおり	生地の三原組織の一つです。最も織密度が高く生地の表面に光沢を持つしなやかな生地になります。	a
104	ショールカラー	しょーるからー	衿デザインの一つです。1枚衿のものです。	b
105	植物繊維	しょくぶつせんい	綿，麻等を素材とした繊維です。	a
106	新合繊	しんごうせん	ポリエステルを改質して，従来の合繊にない特徴を備えた繊維です。	a
107	しん地	しんじ	衣服の保型や補強などに使用する布地の総称です。	a
108	人台（トルソー，ボディ）	じんだい（とるそー，ぼでぃ）	人体に似せた形状で，外側を布などで覆った物のことです。トルソーまたはボディとも言います。	g
109	伸縮	しんしゅく	伸びたり縮んだりすることです。	b
110	スーツ	すーつ	上着とスカートまたはパンツが上下セットになった服です。	f
111	すくい縫い	すくいぬい	生地の表面に縫い目が出ないようにその厚みの間をすくう縫い方です。	b
112	裾引き	すそびき	裾を折り曲げ，縁縫いミシン等で行う裾始末のことです。	b
113	スタンドカラー	すたんどからー	衿デザインの一つです。立ち衿状のものです。	b

No	用語	ひらがな	内容，意味	区分
114	スタンピング	すたんぴんぐ	チャコやパウダーなどで裁断する生地に印を付けることです。	d
115	スチーミング	すちーみんぐ	生地を加湿，加熱するために蒸気を吹かすことです。	i
116	ステッチ	すてっち	縫い方や縫い目のことです。またはミシンなどで縫った縫い目の1単位のことです。	b
117	ステッチ定規	すてっちじょうぎ	縫い代巾を安定化するために押さえ棒やマグネットに取りつける補助定規のことです。	c
118	捨て縫い	すてぬい	縫い代始末の一種です。縫い代を折らずに裁ち目のきわを縫います。	b
119	ストレッチ織物	すとれっちおりもの	伸び縮みする生地のことです。	a
120	スナップ	すなっぷ	凹凸型の1組になった金属の小さな留め具です。	a
121	スパン糸	すぱんいと	短繊維化した糸のことです。	a
122	スピンテープ	すぴんてーぷ	肩の部分等に使用する伸び止めテープのことです。	a
123	スプリットマーク	すぷりっとまーく	生地のキズが入った部分の印です。	i
124	スポンジング	すぽんじんぐ	生地の縮絨による安定化を機械的に自動処理することです。	d
125	スモック	すもっく	飾り用のヒダのことです。生地を細かく縫い縮めて糸で止めながら作ります。	i
126	スレーキ	すれーき	裏地，ポケット地等，表面を平らで滑らかに仕上げた綾織物のことです。	a
127	成形プレス	せいけいぷれす	こての形状に合わせて立体的に仕上げるプレスのことです。	e
128	清潔	せいけつ	汚れがなくきれいなことです。	h
129	清掃	せいそう	きれいに掃除することです。	h
130	整頓	せいとん	乱れている物をきちんと使いやすく整えることです。	h
131	整備	せいび	すぐに使えるように準備しておくことです。	h
132	整理	せいり	乱れている物を片付けることです。	h
133	接着芯地	せっちゃくしんじ	表地の張りや補強を目的に貼り付ける物のことです。	a
134	接着プレス	せっちゃくぷれす	芯地等を生地に接着するためのプレスのことです。	c
135	背抜き	せぬき	前身頃全体と後身頃半分程度に裏地を付ける仕立て方です。	b
136	総裏	そううら	身頃全体に裏地を付ける仕立て方です。	b
137	袖ぐり（アームホール）	そでぐり(あーむほーる)	袖付け周りのことです。	b

た 行				
No	用語	ひらがな	内容，意味	区分
138	ダーツ	だーつ	生地を絞り込みシルエットを立体化することです。	b
139	ダーツ縫い	だーつぬい	立体化するための線縫いのことです。	b

140	ダイカット（打抜）	だいかっと（うちぬき）	金型の刃を付けたものでプレス機によって打ち抜く裁断方法です。衿，雨蓋等の部品に最適です。	d
141	帯電性	たいでんせい	生地の摩擦によって静電気が起きやすい性質のことです。	g
142	タイトスカート	たいとすかーと	シンプルで細目のシルエットを持つスカートのことです。	f
143	耐熱性	たいねつせい	高い熱でもその性質が変化しづらい性質のことです。	g
144	だきじわ	だきじわ	身頃，袖ぐり，脇下付近に起こる斜めのシワのことです。	g
145	たすきじわ	たすきじわ	ネックポイントから前脇にかけて斜線状にでるシワのことです。	g
146	裁ち合せ・裁ち揃え	たちあわせ・たちそろえ	裁断された生地を型紙に合わせて確認し，揃えてカットすることです。	d
147	裁ち切り寸法	たちきりすんぽう	仕上り寸法に縫い代などを加えた寸法のことです。	d
148	裁ち目	たちめ	裁断した生地の切り口のことです。	d
149	タック	たっく	生地を中表にして作ったヒダのことです。	b
150	竪刃裁断機	たてばさいだんき	裁断機の一種です。竪刃が上下に動いて生地を切ります。重ね枚数の多いものに適します。	d
151	単環縫い	たんかんぬい	糸を一面のみ供給し，ループ状にして編縫いする縫い方です。（チェーンステッチ）	c
152	段差カット	だんさかっと	縫い代の厚みを減らすために片側の縫い代をカットすることです。	b
153	段差縫い	だんさぬい	縫い代巾を違えて縫う縫い方です。	b
154	短繊維	たんせんい	繊維の長さの短い生地素材のことです。綿，麻，羊毛等。	a
155	力布	ちからぬの	ポケット口やボタン付けを丈夫にするために裏に当てる布のことです。	a
156	力ボタン	ちからぼたん	表ボタンの補強用に裏側に付ける小さなボタンのことです。	a
157	千鳥かがり	ちどりかがり	ジグザグにかがる縫い方です。	b
158	千鳥まつり	ちどりまつり	ジグザグにまつり縫いする縫い方です。	b
159	中衣	ちゅうい	下着と外衣の間に着用する衣類のことです。	f
160	中間プレス	ちゅうかんぷれす	縫製工程中に縫い目にかけて形を整えたり，丸くなるように縮めたりするアイロンのテクニックのことです。	c
161	長繊維	ちょうせんい	糸がフィラメント状になっている長い繊維のことです。絹糸及び化学繊維等が該当します。	a
162	直線縫い	ちょくせんぬい	まっすぐに縫うことです。	b
163	ツィード	つぃーど	羊毛の代表的な綾織物です。	a
164	照かり	てかり	アイロンの圧力で生地に目つぶれや光沢が出ることです。（当たり）	g
165	手裁ち	てだち	はさみなどを使って，手により裁断することです。	d

No	用語	ひらがな	内容，意味	区分
166	デニール	でにーる	糸の太さの単位です。1 gの糸を9,000mに引き延ばした太さが1デニールです。	i
167	デニム	でにむ	綿を用いた綾織の代表的な布地です。ジーンズに使用します。	a
168	手縫い	てぬい	生地の上と下を手で縫い進む縫い方です。	b
169	手まつり	てまつり	まつりを手縫いでする方法です。	b
170	つれる	つれる	縫い合わされているところが，糸調子等の原因で引っ張られている状態のことです。	g
171	とじ	とじ	2枚以上の生地をまとめ合わせることです。	b
172	ドットボタン	どっとぼたん	凹凸型の1組になった金属製のボタンのことです。	a
173	止め縫い	とめぬい	止めておくために縫うことです。	b
174	共布	ともぬの	同一の生地のことを言います。	a
175	ドルマンスリーブ	どるまんすりーぶ	身頃に続いている袖のことです。	f
176	ドレープ	どれーぷ	布地が柔らかく，波打つような曲線の状態のことです。	i
177	どんでん返し	どんでんかえし	ほとんどの洋服は裏側を縫って仕立てるため，縫い代が表に出ないように表側に身頃をひっくり返すことを言います。	b

な行				
No	用語	ひらがな	内容，意味	区分
178	ナイロン	ないろん	化学繊維の代表的な繊維です。強度，伸縮性に富みますが熱に弱いという性質があります。	a
179	中表	なかおもて	2枚の生地を重ねるとき生地の表地を内側にすることです。	i
180	長袖	ながそで	手首までの袖のことです。	b
181	中とじ	なかとじ	表地と裏地を内側で閉じ縫いすることです。	b
182	長溝	ながみぞ	ミシン針の糸道のことです。	c
183	難燃性	なんねんせい	火を付けたとき，燃えにくい性質のことです。	g
184	二重環縫い	にじゅうかんぬい	上糸と下糸でループ状にして編縫いする縫い方です。	b
185	二重縫い	にじゅうぬい	強度を持たせるため同じ縫い目を2度縫いする縫い方です。	b
186	二条縫い	にじょうぬい	平行に2本ミシンを掛ける縫い方です。	b
187	縫い消し	ぬいけし	地縫いのとき布端に斜めに縫いながら自然に縫い止まりを消すことです。	b
188	縫い代	ぬいしろ	縫い目から布端までの部分またはその寸法のことです。	d
189	縫い代さらい	ぬいしろさらい	合せ縫いの縫い代をカットすることです。（段差カット）	c
190	縫い代倒し不良	ぬいしろだおしふりょう	アイロンの倒しや押えが不十分であったり倒す方向が違う物のことです。	g
191	縫いずれ	ぬいずれ	重ね合わせて縫ったとき上下の生地がずれることです。	g

No	用語	ひらがな	内容，意味	区分
192	縫い縮み（ピリ）	ぬいちぢみ（ぴり）	縫うことで生地が縮むことです。ピリと同じ現象です。	g
193	縫い外れ	ぬいはずれ	縫い目が生地から外れていることです。	g
194	縫いピッチ	ぬいぴっち	縫い目の間隔のことです。	c
195	縫い目	ぬいめ	縫い合わせる線のことです。	c
196	縫い目滑脱	ぬいめかつだつ	縫い目に力が掛かった時，縫い目が開いたり縫い代がほどける状態のことです。	g
197	縫い目パンク	ぬいめぱんく	縫い目に力が掛かった時，縫い代不足や糸切れ等によって縫い目が切れることです。	g
198	縫い目ほつれ	ぬいめほつれ	縫い糸が解けることです。	g
199	縫い目曲がり	ぬいめまがり	縫い目が所定の位置から縫い外れることです。	g
200	縫い目笑い	ぬいめわらい	糸締まりが弱くて直角方向に引くと，縫い目が割れて見えることです。	g
201	縫い割り	ぬいわり	生地の縫い代を左右に開くことです。	b
202	布目	ぬのめ	生地の経糸または緯糸の線のことです。（地の目）	i
203	根巻き	ねまき	衣服にボタンを浮かして付けるとき，糸足に糸を巻き付けることです。	b
204	納期	のうき	生産を引き受けて，製品を手渡すまでの期限（日数）のことです。	h
205	ノッチ（合い印）	のっち（あいじるし）	縫製作業を補助する縫い合わせの切込み印のことです。合い印とも言います。	g
206	伸び止め芯	のびどめしん	バイヤス状になっている箇所にテープで伸びを止めるために貼る接着芯のことです。	a
207	伸び止めテープ	のびどめてーぷ	バイヤス状になっている箇所にテープで伸びを止めるために貼るテープのことです。	a

は行				
No	用語	ひらがな	内容，意味	区分
208	パイピング	ぱいぴんぐ	バイヤステープを生地の縁にパイプ状に縫い付けることです。	b
209	バイヤス裁ち	ばいやすだち	生地を斜め方向に裁つことです。布目の斜め方向に伸縮する裁ち方です。	i
210	バイヤステープ	ばいやすてーぷ	斜めに裁断したテープのことです。パイピング加工等に使用します。	a
211	はぎ（はぎ合せ）	はぎ（はぎあわせ）	布地をつなぎ合わせることです。はぎ合せとも言います。	b
212	バキューム台	ばきゅーむだい	空気を吸い込んで排出する吸入ポンプの付いたアイロン台のことです。	c
213	剥離	はくり	表地と芯地等，接着したものがはがれることです。	g
214	剥離不良	はくりふりょう	部分的に接着がはがれることです。	g
215	八刺し縫い	はざしぬい	2枚以上の生地を重ねてすくい縫いする縫い方です。	b

— 287 —

216	端縫い	はしぬい	生地の裁ち目を折り返し，折り山のきわを縫うことです。	b
217	パターン	ぱたーん	裁断縫製用の図形のことです。	d
218	パターンメイキング	ぱたーんめいきんぐ	パターンを作ることです。	d
219	パッカリング	ぱっかりんぐ	縫い目の周辺に不規則に発生する縫いじわのことです。	g
220	鳩目	はとめ	紐通しなどする場合に使う小さな穴の開いた金具，又はボタンを通す箇所が少し広がっているボタンホールのことです。	c
221	半裏	はんうら	前後ろの身頃の丈半分に裏地を付ける仕立て方です。	i
222	番手	ばんて	ミシン糸の太さの基準です。番手数が大きくなるほど糸は細くなります。通常の縫い糸は60番手です。	i
223	パンツの歩き	ぱんつのあるき	パンツが出来上がった時，両脚が前後にズレて縫い上がっている状態のことです。	g
224	バンドナイフ	ばんどないふ	裁断機の一種です。バンド型の刃が上から一方向に動き精密に切ります。	d
225	ひかえる	ひかえる	表地と裏地等に差を付けて縫うことです。	b
226	ひざ当て	ひざあて	ひざの部分に当てる布地のことです。	a
227	ヒダ取り	ひだとり	片ヒダ，箱ヒダ，プリーツ等をタック縫いすることです。	b
228	引っ張り強度	ひっぱりきょうど	繊維を両端から引っ張ったときの強さを示す尺度のことです。	g
229	ビニロン	びにろん	化学繊維，合成繊維の一種です。	a
230	表面荒れ	ひょうめんあれ	生地の表面が凹凸に荒れた状態のことです。	g
231	表面フラッシュ	ひょうめんふらっしゅ	起毛を施した衣料品等が着火し，炎が毛羽から毛羽へ急速に伝わり生地表面を炎が走る現象のことです。	i
232	平織り	ひらおり	最もシンプルな折り方です。経糸，緯糸を1：1で交互に織る方法です。	a
233	ピリング	ぴりんぐ	縫い縮みの現象のことです。	g
234	ピンタック縫い	ぴんたっくぬい	生地を外表にしてコバステッチすることです。	b
235	ファスナー	ふぁすなー	ムシを植え込んだ布テープをスライダーで開閉する物のことです。	a
236	フィット感	ふぃっとかん	衣服が体形にやさしくきれいに収まる様子のことです。	i
237	風合い	ふうあい	布地の手触りや見た感じのことです。	i
238	吹き出し	ふきだし	裾や袖口の裏地が表地よりも長く出ている物のことです。	g
239	袋縫い	ふくろぬい	生地を外表に縫い合わせた後，裏に返し裁ち目を中に包んで縫う方法です。	b
240	伏せ縫い	ふせぬい	縫い代の押えとほつれ止めを兼ねた縫い方です。	b
241	縁かがり縫い	ふちかがりぬい	裁ち目のほつれを防止する縫い方です。（オーバーロック）	b
242	ブラウス	ぶらうす	外衣と肌着の中間に着る婦人用中衣のことです。	f
243	フラシ止め	ふらしどめ	糸を鎖状に編んだもので浮かせて止めることです。	b

No	用語	ひらがな	内容，意味	区分
244	プリーツ	ぷりーつ	布地に加工することによって作ったひだ，または折り目のことです。	b
245	プレス	ぷれす	布地をコテなどの間に挟んで，適度な熱と圧力を加えることです。	e
246	ブローイング	ぶろーいんぐ	空気を吹き出すことで除湿と冷却をすることです。	b
247	ブロード	ぶろーど	平織物の一つです。	a
248	ベーキング	べーきんぐ	熱処理のため加熱することです。	b
249	ベルベット	べるべっと	生地の表側に毛足のある高級品の布地のことです。	a
250	放反	ほうたん	生地のひずみや収縮を取るために解反した状態で放置することです。	d
251	紡毛織物	ぼうもうおりもの	紡毛糸で織った生地です。	a
252	紡毛糸	ぼうもうし	羊毛によりを掛けて糸にしたものです。	a
253	補強芯	ほきょうしん	ポケット口，ボタンや穴かがりの箇所等を補強するために使う芯のことです。	a
254	星縫い	ほしぬい	上下の布が動かないように生地の表面に糸を出さないで止める縫い方です。	b
255	ボタン	ぼたん	衣服のあきを合わせて留めるために，片方の布地に縫い付ける円形状などの物のことです。	a
256	ボタン穴かがり	ぼたんあなかがり	ボタンの穴をかがることです。	b
257	ほつれ	ほつれ	生地が何らかの原因で解けることです。	g
258	ボビン	ぼびん	ミシン機構の下糸を回転させる部分のことです。	c
259	ポリエステル	ぽりえすてる	化学繊維の代表的な素材です。生地の繊維の中で最も多様化され使われているものです。	a
260	本裁ち	ほんだち	荒裁ちされた後，バンドナイフ等で型紙の形状通り正確に生地を切ることです。	d
261	本縫い	ほんぬい	上糸と下糸を交差させる縫い方です。	c
262	本星	ほんぼし	上下生地を糸で抜き通し，表裏とも返し縫いで止める縫い方です。	b

ま 行				
No	用語	ひらがな	内容，意味	区分
63	マーキング（型入れ）	まーきんぐ（かたいれ）	用尺を決めるために型紙を配列することです。型入れとも言います。	d
264	前身の拝み	まえみのおがみ	前身左右の打合いが正常よりも重なり過ぎている物のことです。	g
265	前身の逃げ	まえみのにげ	前身左右の打合いが正常よりも開き過ぎている物のことです。	g
266	増し芯	ましじん	ベース芯に補強，厚さ，張り等を持たせるために添える芯のことです。	a

	267	股上縫い	またがみぬい	パンツの股上部分を縫うことです。	b
	268	股下縫い	またしたぬい	パンツの股下部分を縫うことです。	b
	269	マチ	まち	デザイン上の小さな補助布のことです。	b
	270	まつり	まつり	裾等を折り返して止める縫い方です。	b
	271	丸刃裁断機	まるばさいだんき	裁断機の一種です。手押しで使用します。刃が丸型で，重ね枚数の少ないものに適します。	d
	272	水洗い難易度	みずあらいなんいど	水洗いが楽で，かつ水洗いによって生地の特性が変化しにくい性質のことです。	g
	273	目立て	めたて	生地の編み目に合わせて型紙の配列や裁断をすることです。	d
	274	三つ巻縫い	みつまきぬい	生地端を3つ折りにして縫う縫い方です。	b
	275	向こう布	むこうぬの	ポケット袋地の内側に付ける布のことです。	b
	276	目飛び	めとび	縫い目の構成で，上糸・下糸の交差が絡み合っていない物のことです。	g
	277	メルトン	めるとん	紡毛織物の一種です。手触りの暖かい感じの布です。	a
	278	綿	めん	天然繊維の一つです。綿花から取れます。	a

や 行				
No	用語	ひらがな	内容，意味	区分
279	ヤケド（火傷）	やけど（やけど）	熱や化学薬品によって皮膚を損傷することです。	i
280	ゆきわた	ゆきわた	袖山及び袖付け線をきれいにする物です。	a
281	用尺	ようじゃく	一着の衣服を作るために必要な生地の寸法です。	d

ら 行				
No	用語	ひらがな	内容，意味	区分
282	リバーシブルコート	りばーしぶるこーと	表裏両面とも着用できるコートのことです。	f
283	ルーピング	るーぴんぐ	糸の一つのループが同じ糸のループ，または他の糸のループを通り抜けることです。（環縫い）	b
284	レーシング	れーしんぐ	糸が他の糸，または他の糸のループと交差または通り抜けることです。（本縫い）	b
285	レーヨン	れーよん	化学繊維の一つです。再生繊維で絹に近い特性を持ちます。	a
286	労働災害	ろうどうさいがい	職場で発生する事故や災害のことです。	i
287	ロット	ろっと	同一品による加工単位のことです。	g

	わ　行			
No	用　語	ひらがな	内容，意味	区分
288	割コバ（割はぎ）	わりこば（わりはぎ）	地縫い線の両端にコバ縫いして，縫い代のゴロツキをとることです	b
289	割プレス	わりぷれす	縫い代を左右に開いてアイロンをかけることです。	e

ご協力企業，引用・転載元文献，参考文献　等

　本テキストの作成にあたり，次の企業等から写真や図表の提供等のご協力をいただきました。ここに明記し，深く感謝の意を表します。

【引用・転載】

（ご協力企業名等）	（引用・転載元文献等）
アサヒ繊維機械工業 株式会社	ホームページ＞製品情報＞芯地接着機＞低温接着機
オルガン針株式会社	ホームページ＞ミシン針カタログ
株式会社島精機製作所	ホームページ＞製品情報＞CAD・CAM システム
JUKI 株式会社	ホームページ＞製品情報＞アパレル用ミシン MO-6804D　取扱説明書 DDL-9000C-S　取扱説明書 アパレル工場社員テキスト　ミシン・針・糸の基礎知識
消費者庁	ホームページ＞家庭用品品質表示法　記号一覧
直本工業 株式会社	ホームページ＞縫製機器＞仕上台　アイロン仕上台 ホームページ＞縫製機器＞アイロン
株式会社ナムックス	ホームページ＞コンベアー延反機
株式会社ハシマ	ホームページ＞製品情報＞裁断関連（KM ブランド商品）＞丸刃裁断機・竪刃裁断機・バンドナイフ
ブラザー工業 株式会社	ホームページ＞製品情報＞工業用ミシン
株式会社マイナック	社内写真

【参考】（参考文献等）

日本産業規格	JIS Z　8210
ペガサスミシン製造株式会社	ホームページ＞ミシン縫い目図

職種別教材作成作業部会委員　婦人子供服製造

【執筆委員】

市瀬和繁　　　　株式会社マイナック

稲荷田　征　　　文化ファッション大学院大学

久保村智司　　　株式会社ワールド

山端康雄　　　　日本アパレルソーイング工業組合連合会

【事務局】

公益財団法人国際人材協力機構　実習支援部　職種相談課

【本テキストについてのお問い合わせ先】

公益財団法人国際人材協力機構　実習支援部　職種相談課

〒108-0023　東京都港区芝浦2－11－5　五十嵐ビルディング

電話：03-4306-1181　　Fax.：03-4306-1115

技能実習レベルアップ シリーズ　5
婦人子供服製造

2021年12月　初版

発行　公益財団法人 国際人材協力機構　教材センター
〒108-0023　東京都港区芝浦2-11-5
五十嵐ビルディング11階
TEL：03-4306-1110
FAX：03-4306-1116
ホームページ　https://www.jitco.or.jp/
教材オンラインショップ　https://onlineshop.jitco.or.jp

技能実習レベルアップ　シリーズ　既刊本

	職　　種	定　価
1	溶接	本体：2,700円＋税
2	機械加工（普通旋盤・フライス盤）	本体：2,700円＋税
3	ハム・ソーセージ・ベーコン製造	本体：3,100円＋税
4	塗装	本体：2,900円＋税
5	婦人子供服製造	本体：3,300円＋税

　シリーズは順次，拡充中です。最新の情報は，JITCO ホームページ内にある「教材・テキスト販売」のページ（https://www.jitco.or.jp/ja/service/material/）で確認してください。